普通高等院校计算机教育"十四五"规划教材

U0180520

# 计算机导论——基于计算思维

郜晓晶　罗小玲　主编

中国铁道出版社有限公司
CHINA RAILWAY PUBLISHING HOUSE CO., LTD.

## 内 容 简 介

本书根据教育部高等学校计算机科学与技术教学指导委员会颁布的《高等学校计算机科学与技术专业发展战略研究报告暨专业规范（试行）》及《关于进一步加强高等学校计算机基础教学的意见暨计算机基础课程教学基本要求（试行）》中有关计算机导论和大学计算机基础课程教学基本要求而编写，是一本学习计算机科学与技术学科的入门教材。全书共分 7 章，主要内容包括：计算机概论、数据表示、计算思维与常用算法、计算机系统、数据结构、计算机网络、计算机信息安全和职业道德，且每章附有习题及参考答案。

本书以培养学生的计算思维为出发点，并融入计算机科学与技术发展的最新技术和成果，旨在提高学生的科学修养、信息素养和应用能力，激发学习兴趣。

本书适合作为普通高等院校计算机相关专业计算机导论课程教材，也可作为非计算机专业的计算机基础教材，或计算机初学者的入门参考用书。

**图书在版编目（CIP）数据**

计算机导论：基于计算思维 / 郜晓晶，罗小玲主编 . —北京：
中国铁道出版社有限公司，2021.6（2023.8重印）
普通高等院校计算机教育"十四五"规划教材
ISBN 978-7-113-27938-7

Ⅰ. ①计… Ⅱ. ①郜… ②罗… Ⅲ. ①电子计算机-高等学校-
教材 Ⅳ. ① TP3

中国版本图书馆 CIP 数据核字（2021）第 082153 号

书　　　名：计算机导论——基于计算思维
作　　　者：郜晓晶　罗小玲

策　　　划：曹莉群　　　　　　　　　　编辑部电话：（010）51873202
责任编辑：刘丽丽　彭立辉
封面设计：刘　颖
责任校对：焦桂荣
责任印制：樊启鹏

出版发行：中国铁道出版社有限公司（100054，北京市西城区右安门西街8号）
网　　　址：http://www.tdpress.com/51eds/
印　　　刷：三河市宏盛印务有限公司
版　　　次：2021年6月第1版　　2023年8月第2次印刷
开　　　本：787 mm×1 092 mm　1/16　印张：10　字数：242千
书　　　号：ISBN 978-7-113-27938-7
定　　　价：36.00元

　　《计算机导论——基于计算思维》的编写符合教育部对"计算机导论"课程的要求。"计算机导论"课程应为新生提供关于计算机科学与技术学科的入门介绍，使学生能对该学科有整体的认识，并了解该专业的学生应具备的基本知识和技能。随着近年计算机科学技术的迅猛发展，社会对该专业学生所需具备和掌握的计算机科学的能力素养要求发生了巨大变化，为应对这些变化，做好教学工作，我们编写了本书。

　　计算思维是人类求解问题的一条有效途径，是一种分析求解问题的过程和思想。现在人类利用计算机的强大功能解决各种问题的同时，也需要数学和工程思维的互补。这源于计算机诞生的本质，即数学和工程思维的融合。所以，计算思维是一种人、机、物三元思维的综合考量，三者互相促进，互相制约。

　　2012 年，教育部组织申报大学计算机课程改革项目，要求大学计算机教学的总体建设目标应该定位在普及计算机文化、培养专业应用能力、训练计算思维能力上。计算机不仅为不同专业提供了解决专业问题的有效方法和手段，还提供了一种独特处理问题的思维方式。

　　如何将计算思维融入大学计算机教育中，已经得到教育工作者的广泛关注。本书的编写团队成员都是多年工作在教学第一线的计算机科学与技术专业的教学工作者，多年专注于计算机专业教学改革和探索研究。本书编写大纲经过多次集体研讨，召集书稿讨论会和审定会，并广泛征求了不同层面学者、专家的建议和意见，希望本书能满足当下大学计算机专业教学的新模式和新方法。

　　本书在编写过程中以通俗易懂、紧跟科技前沿为目标，期望能够适合学生的需求，贴合教学目标。在教材内容组织上强调计算思维能力的培养，将计算思维能力的训练融入计算机专业完整的教学体系，实现计算机导论课程的教学改革。

　　本书的主要特色如下：

● 着重对计算机基础理论知识进行讲解和介绍。

● 力求通过深入浅出的讲解，讲授计算机和计算思维之间相互支撑和相互制约的关系。

● 突出介绍计算机科学与技术发展的最新技术和成果，将其融入课程内容中。

● 将"计算思维"的新理念贯穿始终，达到提升计算机专业能力的教学目的。

● 将理论知识和实际应用相结合，让学生清楚地了解计算机擅长哪些方面、计算机能做什么、如何利用计算机来解决实际问题。

在学习过程中，读者可在中国铁道出版社有限公司的资源网站（网址 http://www.tdpress.com/51eds/）中下载本书配备的教学资源，如电子教案、习题参考答案等。

全书共分为 7 章。第 1 章为计算机概论，第 2 章为数据表示，第 3 章为计算思维与常用算法，第 4 章为计算机系统，第 5 章为数据结构，第 6 章为计算机网络，第 7 章为计算机信息安全和职业道德。

本书由郜晓晶、罗小玲任主编，王艳芬和李建荣参与了本书的编写。具体编写分工：第 1 章和第 2 章由李建荣编写，第 3 章由罗小玲编写，第 4 章由罗小玲和王艳芬共同编写，第 5 章和第 7 章由郜晓晶编写，第 6 章由王艳芬编写。全书由郜晓晶和罗小玲统稿。在本书的编写过程中得到潘新、李慧旻、刘艳秋、阿斯雅等多位老师的帮助，以及中国铁道出版社有限公司编辑的大力支持与帮助，在此表示衷心的感谢。

由于时间仓促，信息技术的发展日新月异，本书涉及的新技术较多，加之编者水平有限，书中疏漏与不妥之处在所难免，恳请读者批评指正。

编　者

2021 年 3 月

# 目　录

# 第1章

# 计算机概论

## 引言

本章主要介绍了计算机的发展历史和计算机的发展趋势，人工智能的基本概念及其应用，云计算的基本概念、应用及体系结构，并结合大数据的不断崛起介绍了大数据产生的背景、应用场景及关键技术。

## 内容结构图

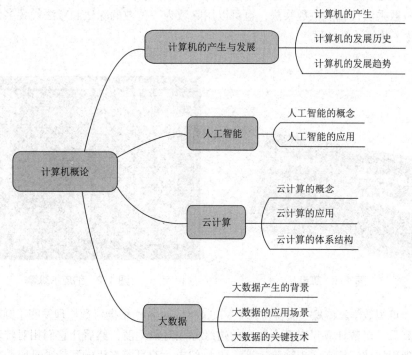

## 学习目标

- 掌握计算机的产生、发展历史和发展趋势。
- 理解人工智能的基本概念及应用。
- 理解云计算的概念及应用。
- 理解大数据产生的背景、应用场景和关键技术。

1

## 1.1 计算机的产生与发展

### 1.1.1 计算机的产生

自古以来，人类就在不断地发明和改进计算工具，从古老的"结绳记事"，到算盘、计算尺、差分机，直到1946年第一台电子计算机诞生，计算工具经历了从简单到复杂、从低级到高级、从手动到自动的发展过程，而且还在不断发展。

#### 1. 手动式计算工具

计算工具发展史上的第一次重大改革是算盘（见图1-1），它是我国古代劳动人民首先创造和使用的。算盘曾被称为世界上第一种手动式计数器。与现代计算机相比，虽然算盘的结构和功能简单，需要人们按照口诀、拨动珠子进行四则运算。但是因为它操作灵活、简便、计算准确，至今还有人使用算盘进行计算。

1617年，英国数学家约翰·纳皮尔（John Napier）发明了Napier乘除器，也称Napier算筹，如图1-2所示。Napier算筹由十根长条状的木棍组成，每根木棍的表面雕刻着一位数字的乘法表，右边第一根木棍是固定的，其余木棍可以根据计算的需要进行拼合和调换位置。Napier算筹可以用加法和一位数乘法代替多位数乘法，也可以用除数为一位数的除法和减法代替多位数除法，从而大大简化了数值计算过程。

图1-1 算盘

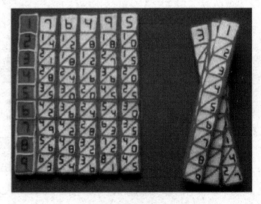

图1-2 纳皮尔算筹

1621年，英国数学家威廉·奥特雷德（William Oughtred）根据对数原理发明了圆形计算尺，也称对数计算尺。对数计算尺在两个圆盘的边缘标注对数刻度，然后让它们相对转动，就可以基于对数原理用加减运算来实现乘除运算。18世纪末，改良蒸汽机的瓦特独具匠心，在尺座上添置了一个滑标，用来存储计算的中间结果。对数计算尺不仅能进行加、减、乘、除、乘方、开方运算，甚至可以计算三角函数、指数函数和对数函数，它一直使用到袖珍电子计算器面世。即使在20世纪60年代，对数计算尺仍然是理工科大学生必须掌握的基本功，是工程师身份的一种象征。图1-3所示为1968年由上海计算尺厂生产的对数计算尺。

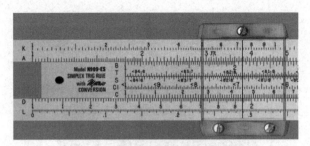

**图 1-3　对数计算尺**

### 2. 机械式计算工具

1642 年，法国数学家帕斯卡（Blaise Pascal）发明了帕斯卡加法器，这是人类历史上第一台机械式计算工具，其原理对后来的计算工具产生了持久的影响。如图 1-4 所示，帕斯卡加法器是由齿轮组成、以发条为动力、通过转动齿轮来实现加减运算、用连杆实现进位的计算装置。虽然当时只能进行加法运算，但是它的设计原理对计算机器的产生和发展产生了很大的影响，也用在了其他机器的设计中。它的发明意义远远超出了其本身的使用价值，帕斯卡从加法器的成功中得出结论：人的某些思维过程与机械过程没有差别，因此可以设想用机械来模拟人的思维活动。

**图 1-4　帕斯卡加法器**

19 世纪初，英国数学家查尔斯·巴贝奇（Charles Babbage）取得了突破性进展。巴贝奇在剑桥大学求学期间，正是英国工业革命兴起之时，为了解决航海、工业生产和科学研究中的复杂计算，许多数学表（如对数表、函数表）应运而生。1822 年，巴贝奇从法国人杰卡德发明的提花编织机上获得了灵感，开始研制差分机，专门用于航海和天文计算。在英国政府的支持下，差分机历时 10 年研制成功，这是最早采用寄存器来存储数据的计算工具，体现了早期程序设计思想的萌芽，使计算工具从手动机械跃入自动机械的新时代。这台差分机能够按照设计者的旨意，自动处理不同函数的计算过程。它可以处理 3 个不同的 5 位数，计算精度可达到 6 位小数。由于它追求尽善尽美，对于多种部件的要求精益求精，超越了当时的技术水平，虽然花费了大量的经历和财力，这台差分机仍然没有制成，最终被送进了伦敦博物馆。

1834 年，巴贝奇设计出了分析机，如图 1-5 所示。

图 1-5 分析机

分析机采用了三个具有现代意义的装置：

① 存储装置：采用齿轮式装置的寄存器保存数据，既能存储运算数据，又能存储运算结果。

② 运算装置：从寄存器取出数据进行加、减、乘、除运算，并且乘法是以累次加法来实现，还能根据运算结果的状态改变计算的进程，用现代术语来说，就是条件转移。

③ 控制装置：使用指令自动控制操作顺序、选择所需处理的数据及输出结果。

巴贝奇的分析机是可编程计算机的设计蓝图，实际上，人们今天使用的每一台计算机都遵循着巴贝奇的基本设计方案。但是，巴贝奇先进的设计思想超越了当时的客观现实，当时的机械加工技术还达不到所要求的精度，使得这部以齿轮为元件、以蒸汽为动力的分析机一直到巴贝奇去世也没有完成。

### 3．机电式计算机

1886年，美国统计学家赫尔曼·霍勒瑞斯（Herman Hollerith）借鉴了雅阁织布机的穿孔卡原理，用穿孔卡片存储数据，采用机电技术取代了纯机械装置，制造了第一台可以自动进行加减四则运算、累计存档、制作报表的制表机，如图 1-6 所示。这台制表机参与了美国 1890 年的人口普

图 1-6 制表机

查工作，使预计 10 年的统计工作仅用 1 年零 7 个月就完成了，是人类历史上第一次利用计算机进行大规模的数据处理。霍勒瑞斯于 1896 年创建了制表机公司 TMC 公司，1911 年，TMC 与另外两家公司合并，成立了 CTR 公司。1924 年，CTR 公司改名为国际商业机器公司（International Business Machines Corporation），这就是赫赫有名的 IBM 公司。

1938 年，德国工程师朱斯（K. Zuse）研制出 Z-1 计算机，这是第一台采用二进制的计算机。在接下来的 4 年中，朱斯先后研制出采用继电器的计算机 Z-2、Z-3、Z-4。Z-3 是世界上第一台真正的通用程序控制计算机，不仅全部采用继电器，同时采用了浮点计数法、二进制运算、带存储地址的指令形式等。

到了 19 世纪后期，随着电学技术的发展，人们看到了另外一条实现自动计算过程的途径。1884 年，德国人康拉德·祖思在第二次世界大战期间用机电方式制造了一系列计算机。多年后，美国人霍华德·爱肯在图书馆里发现了巴贝奇的论文，并根据当时的科技水平，提出了用机电方式实现自动机。在 IBM 公司的资助下，于 1944 年制造出了著名的 MARK-I 计算机，如图 1-7 所示。MARK-I 长 15.5 m，高 2.4 m，由 75 万个零部件组成，使用了大量的继电器作为开关元件，存储容量为 72 个 23 位十进制数，采用了穿孔纸带进行程序控制。它的计算速度很慢，执行一次加法操作需要 0.3 s，并且噪声很大。尽管它的可靠性不高，仍然在哈佛大学使用了 15 年。MARK-I 只是部分使用了继电器，1947 年研制成功的计算机 MARK-II 全部使用继电器。

图 1-7 Mark-I 计算机

尽管各种计算工具的出现推动了计算机的研制，但是推动计算机开发的最重要原因仍然是人类社会的需求。20 世纪 40 年代，随着现代社会和科学技术的发展，由于军事和战争中的计算需求，一些复杂的计算问题需要解决，原有的计算工具已无法满足要求，人类对新的计算工具提出了强烈的需求，促使了电子计算机的问世。

### 4. 电子计算机的问世

1946 年 2 月，世界上第一台通用电子数字积分计算机 ENIAC（Electronic Numerical Integrator And Computer，电子数字积分计算机）在美国宾西法尼亚大学研制成功，如图 1-8 所示。这是世界上公认的第一台电子计算机。ENIAC 结构庞大，占地约 170 m²，重达 30 t，使用了 18 000 个电子管，功率为 150 kW。从 1946 年 2 月投入使用，到 1955 年 10 月最后切断电源。虽然它每秒只能进行 5 000 次加、减法或 400 次乘法运算，不能存储程序，使用的是十进制数，每次运行一个程序都要重新连接线路，在性能方面与今天的计算机无法相比。但是，ENIAC 的研制成功在计算机的发展史上具有划时代的意义。它的问世是计算机发展史上的一座里程碑，标志着电子计算机时代的到来，标志着人类计算工具新时代的开始，世界文明进入了一个崭新时代。它用电子的快速运动代替了机械运动，把科学家从烦琐的计算中解放出来。同时，第一台计算机的诞生也为现代计算机在体系结构和工作原理上奠定了基础。

图 1-8　ENIAC

英国科学家阿兰·图灵和美籍匈牙利科学家冯·诺依曼是计算机科学发展史中的两位关键人物。

20 世纪 30 年代，图灵和丘奇分别提出了算法的定义。图灵建立了图灵机理论模型，提出了图灵机测试理论，阐述了机器智能的概念，并提出了图灵机是非常有力的计算工具的原理，在理解机器的能力以及它的局限性方面奠定了理论基础，也为计算机设计奠定了基础。用图灵机模型能够清楚地解释算法这样一个最基本、最深刻的概念，因此很快得到了人们的认同。为纪念图灵对计算机科学做出的贡献，美国计算机协会（ACM）专门设立了图灵奖，奖励在计算机科学领域中做出突出贡献的研究人员，并于 1966 年开始颁奖。图灵奖是计算机界的最高奖项。

冯·诺依曼被称为计算机之父，他和他的同事们研制了电子数字积分计算机（ENIAC），提出了存储程序控制原理的数字计算机结构，并在离散变量自动电子计算机（EDVAC）中采用了这一原理，对后来计算机的体系结构和工作原理产生了重大影响。

### 1.1.2　计算机的发展历史

从第一台电子数字计算机诞生至今，计算机已走过了半个多世纪的发展历程。在这期间，计算机的系统结构不断变化，应用领域不断拓宽，给人类社会带来了巨大的变化。

根据计算机所采用的主要物理器件划分，计算机的发展经历了电子管、晶体管、集成电路和超大规模集成电路 4 个阶段，每一阶段的变革在技术上都是一次新的突破，在性能上都是一次质的飞跃。

#### 1. 第一代计算机（1946—1957 年，电子管时代）

硬件方面，逻辑元件采用的是真空电子管，如图 1-9 所示。其基本特征是体积大，耗电量大、可靠性低，成本高，运算速度慢（每秒仅几千次）、内存容量小（仅为几 KB）。主存储器采用汞延迟线、阴极射线示波管静电存储器、磁鼓、磁芯；外存储器采用的是磁带。软件方面采用的是机器语言、汇编语言，应用领域以军事和科学计算为主。虽然第一代计算机与今天的计算机无法相比，但是它的诞生奠定了计算机发展的基础。

图 1-9　真空电子管

　　冯·诺依曼与莫尔小组合作，1950年研制出了EDVAC，第一台冯·诺依曼结构的计算机诞生。该计算机根据冯·诺依曼提出的计算机结构和原理制造，改进了以前计算机的不足。提出了用二进制代替十进制，由运算器、控制器、存储器和输入输出设备构成计算机。

　　冯·诺依曼提出了在数字计算机内部的存储器中存放程序的概念，称为"冯·诺依曼结构"，按这一结构建造的计算机称为存储程序计算机，又称通用计算机。

　　根据冯·诺依曼体系结构构成的计算机，必须具有如下功能：

　　① 把需要的程序和数据送至计算机中。

　　② 具有长期记忆程序、数据、中间结果及最终运算结果的能力。

　　③ 能够完成各种算术、逻辑运算和数据传送等数据加工处理的能力。

　　④ 能够根据需要控制程序走向，并能根据指令控制机器的各部件协调操作。

　　⑤ 能够按照要求将处理结果输出给用户。

　　为了完成上述功能，计算机必须具备五大基本组成部件：

　　① 输入数据和程序的输入设备。

　　② 记忆程序和数据的存储器。

　　③ 完成数据加工处理的运算器。

　　④ 控制程序执行的控制器。

　　⑤ 输出处理结果的输出设备。

　　冯·诺依曼计算机体现了存储程序与程序自动执行的基本思维。程序和数据事先存储于存储器中，由控制器从存储器中一条接一条地读取指令、分析指令并依据指令按时钟节拍产生各种信号予以执行。它体现的是程序如何被存储、如何被CPU执行的基本思维，理解冯·诺依曼计算机如何执行程序对于利用算法和程序手段解决问题具有重要的意义。

　　**2. 第二代计算机**（1958—1964 年，晶体管时代）

　　第二代计算机采用晶体管（见图1-10）作为主要逻辑元件，如图1-11所示。其基本特征是体积小、耗电少，成本低。主存储器采用磁芯，外存储器使用磁盘和磁带，运算速度可达到每秒几十万次，可靠性和内存容量也有较大的提高。

图 1-10　晶体管

图 1-11　第二代计算机

在软件方面提出了操作系统的概念，开始使用 FORTRAN、COBOL、ALGOL 等高级语言。第二代计算机不仅用于科学计算，还用于商业数据处理和事务处理，并逐渐应用于工业控制领域。其特点是体积缩小、能耗降低、可靠性提高、运算速度提高（一般为每秒数十万次，最高可达 300 万次）、性能比第一代计算机有很大的提高。

3. **第三代计算机**（1965—1970 年，中、小规模集成电路时代）

第三代计算机采用中、小规模集成电路（见图 1-12）作为主要逻辑元件。其基本特征是主存储器采用半导体存储器代替磁芯存储器，外存储器使用磁盘。计算机的运算速度可达每秒几百万次，体积越来越小，价格越来越低，可靠性和存储容量进一步提高，外围设备种类繁多，出现了键盘和显示器，使用户可以直接访问计算机并通过显示器得到计算机的响应。计算机系统软件也有了很大发展，出现了操作系统和会话式语言以及结构化程序设计的方法。计算机向标准化、多样化和通用化发展，并开始应用于各个领域。

图 1-12　中、小规模集成电路

4. **第四代计算机**（1971 年至今，大规模及超大规模集成电路时代）

第四代计算机采用大规模与超大规模集成电路（见图 1-13）作为主要逻辑元件。其基本特征是计算机体积更小、功能更强、造价更低，各种性能都得到了大幅度提高。主存储器采用半导体存储器，外存储器采用大容量的软、硬磁盘，并开始引入光盘，运算速度从每秒几百万次到亿万次以上。由于高新技术的不断发展，设计理念及技术不断更新，制造工艺技术逐年更换，使得同样大小的芯片功能惊人地改善。操作系统不断完善，计算机软件产业高度发展，层出不穷，已成为现代工业的一部分，计算机开始进入了尖端科学。计算机的类型有了很大发展，由于微处理器的诞生出现了微型计算机，并为计算机的普及奠定了基础，出现了智能型计算机、分布式计算机及多媒体计算机。功能强大的巨型机在这一时期也得到了稳步发展。

**图 1-13　大规模集成电路**

由于集成技术的发展，半导体芯片的集成度更高，每块芯片可容纳数万乃至数百万个晶体管，并且可以把运算器和控制器都集中在一个芯片上、从而出现了微处理器，并且可以用微处理器和大规模、超大规模集成电路组装成微型计算机，即人们常说的 PC。微型计算机体积小，价格便宜，使用方便，但其功能和运算速度已经达到甚至超过了过去的大型计算机。另一方面，利用大规模、超大规模集成电路制造的各种逻辑芯片，已经制成了体积并不很大，但运算速度可达一亿甚至几十亿次的巨型计算机。我国继 1983 年研制成功每秒运算一亿次的银河 I 巨型机以后，又于 1993 年研制成功每秒运算十亿次的银河 II 通用并行巨型计算机。这一时期还产生了新一代的程序设计语言、数据库管理系统和网络软件等。

随着物理元器件的变化，不仅计算机主机经历了更新换代，它的外围设备也在不断地变革。例如，外存储器，由最初的阴极射线显示管发展到磁芯、磁鼓，以后又发展为通用的磁盘，现又出现了体积更小、容量更大、速度更快的只读光盘（CD-ROM）。

### 1.1.3　计算机的发展趋势

从第一台计算机至今，从 ENIAC 这样笨重、昂贵、容易出错、仅用于科学计算的计算机，发展到今天可信赖的、通用的、遍布现代社会每一个角落的计算机，计算机技术快速地发展。计算机的产生是人类追求智慧的心血和结晶，计算机的发展也必将随着人类对智慧的不懈追求而不断发展。计算机的发展趋势如下：

**1. 高性能计算**

高性能计算指通常使用很多处理器 ( 作为单个机器的一部分 ) 或者某一集群中组织的几台计算机 ( 作为单个计算资源操作 ) 的计算系统和环境。

由于具有巨大的数值计算和数据处理能力，高性能计算机能够广泛地应用于国民经济、国防建设和科技发展中具有深远影响的重大课题，如石油勘探、地震预测和预报、气候模拟和大范围天气预报、航空航天飞行器、卫星图像处理、人类遗传基因检测等具有深远影响的领域，对国民经济和科学技术的发展、对军事和国防建设具有十分重要的意义。

神威·太湖之光超级计算机是由国家并行计算机工程技术研究中心研制、安装在国家超级计算无锡中心的超级计算机。神威·太湖之光超级计算机安装了 40 960 个中国自主研发的"申威26010"众核处理器,该众核处理器采用 64 位申威指令系统,峰值性能为 12.5 亿亿次 / 秒,持续性能为 9.3 亿亿次 / 秒。

2016 年 6 月 20 日,在法兰克福世界超算大会上,国际 TOP500 组织发布的榜单显示,"神威·太湖之光"超级计算机系统登顶榜单之首,不仅速度比第二名"天河二号"快出近两倍,其效率也提高了 3 倍;11 月 14 日,在美国盐湖城公布的新一期 TOP500 榜单中,"神威·太湖之光"以较大的运算速度优势轻松蝉联冠军;11 月 18 日,我国科研人员依托"神威·太湖之光"超级计算机的应用成果首次荣获"戈登·贝尔"奖,实现了我国高性能计算应用成果在该奖项上零的突破。

2017 年 5 月,中华人民共和国科学技术部高技术中心在无锡组织了对"神威·太湖之光"计算机系统课题的现场验收。专家组经过认真考察和审核,一致同意其通过技术验收;11 月 13 日,全球超级计算机 500 强榜单公布,"神威·太湖之光"以每秒 9.3 亿亿次的浮点运算速度第四次夺冠。2018 年 11 月 12 日,新一期全球超级计算机 500 强榜单在美国达拉斯发布,中国超算"神威·太湖之光"位列第三名。

### 2. 云计算

将计算资源,如计算节点、存储节点等以服务的方式,即以可扩展可组合的方式提供给客户,客户可按需定制、按需使用计算资源,这种计算能力被称为云计算。按照计算资源的划分,可以将硬件部分,如计算节点、存储节点等按服务提供,即基础设施即服务(Infrastructure as a Service,IaaS);也可以将操作系统、中间件等按服务提供,即平台即服务(Platform as a Service,PaaS);也可以将应用软件等按服务提供,即软件即服务(Software as a Service,SaaS)。

将计算资源推广到现实世界的各种资源,如车辆资源、仓储资源等,以服务的形式提供,以互联网的形式进行资源的聚集、资源的租赁、资源的使用监控等资源服务的新模式称为"云服务"。

### 3. 智能计算

使计算机具有类似人的智能,一直是计算机科学家不断追求的目标。类似人的智能是使计算机能像人一样进行思考和判断,让计算机可以做过去只有人才能做的智能工作。1997 年 5 月,超级计算机"深蓝"战胜了国际象棋特级大师卡斯帕罗夫。2016 年 3 月 15 日,谷歌围棋人工智能 AlphaGo 以 4:1 打败世界顶尖围棋高手韩国棋手李世石,标志着"人类最后不能被计算机所打败的游戏"告破。

智能计算在利用搜索引擎进行搜索时,输入特征关键词时使检索结果越来越符合结果的期望值。在典型的资源配置决策优化问题中,计算机在求解此类问题时可能需要较长时间,甚至做不出来。目前利用一些仿生智能算法:一种从自然界得到启发,模仿其结构和工作原理所设计的问题求解算法,如遗传算法、粒子群算法、蚁群算法等就是解决此类问题的一种尝试。

另一方面,智能研究也在研究人的脑结构并将其应用于问题求解机器的设计中。例如,IBM研究认知型计算机可以利用神经系统科学所掌握的简单基础的大脑功能进行生物过程,超级计算机使科技与大脑错综复杂的状态相匹配,可以利用纳米技术创建模拟的神经键,而大脑可以认为是一个神经键网络。

另一类智能计算的例子就是模式识别,指纹识别技术及机器翻译方面得到广泛应用。计算机辅助翻译极大提高了翻译效率,在输入方面,手写输入技术已经在手机上得到应用,语音输入也在不断完善中。这些是在智能人机交互方面发展,即让计算机能够听懂人类的语言、看懂表情能够像人一样具有自我学习与提高的能力，能够吸收不同的知识并能灵活运用知识，能够进行如人一样的思维和推理。

**4．生物计算**

生物计算是指利用计算机技术研究生命体的特征和利用生命体的特征研究计算机的结构、算法与芯片等技术的统称。生物计算包含两方面：一方面，随着新的计算机结构和新的元器件的发展，计算机性能的提高，生物计算机成为一种新的选择；另一方面，随着分子生物学的突飞猛进，生物计算已经成为数据量最大的一门学问，借助计算机进行分子生物信息研究，可以通过数量分析的途径获取突破性的成果。

生物计算更重要的方面是利用计算机进行基因组研究，运用大规模高效的理论和数值计算，归纳、整理基因组的信息和特征，模拟生命体内的信息流过程进而揭示代谢、发育、分化、进化的规律，探究人类健康和疾病的根源，并进一步转化为医学领域的进步从而为人类健康服务。

## 1.2　人工智能

### 1.2.1　人工智能的概念

人工智能（Artificial Intelligence，AI）是研究、开发用于模拟、延伸和扩展人的智能的理论、方法、技术及应用系统的一门新的技术科学。

人工智能是计算机科学的一个分支，它企图了解智能的实质，并生产出一种新的能以人类智能相似的方式做出反应的智能机器，该领域的研究包括机器人、语言识别、图像识别、自然语言处理和专家系统等。人工智能从诞生以来，理论和技术日益成熟，应用领域也不断扩大，可以设想，未来人工智能带来的科技产品，将会是人类智慧的"容器"。人工智能可以对人的意识、思维的信息过程进行模拟。人工智能不是人的智能，但能像人那样思考，也可能超过人的智能。

### 1.2.2　人工智能的应用

在人工智能中，关注和研究的领域很多，如语言处理、自动定理证明、视觉系统、问题求解及自动程序设计等。

人工智能的主要应用领域如下：

**1．问题求解**

人工智能的第一个大的成就就是发展了能够求解难题的下棋程序。智能下棋程序与人类棋手之间的巨大差别在于人类棋手所具有的但尚不能明确表达的能力，如国际象棋大师洞察棋局的能力。

**2．逻辑推理与定理证明**

逻辑推理是人工智能研究中最持久的子领域之一。对数学中臆测的定理寻找一个证明或反证，确实称得上是一项智能任务。为此不仅需要有根据假设进行演绎的能力，而且需要某些直觉技巧。

定理证明的研究在人工智能方法的发展中产生重要的影响。例如，采用谓词逻辑语言的演绎过程的形式化有助于更清楚地理解推理的某些子命题。许多非形式的工作，包括医疗诊断和信息检索都可以和定理证明问题一样加以形式化。因此，在人工智能方法的研究中定理证明是一个极其重要的论题。

### 3．自然语言理解

语言处理也是人工智能的早期研究领域之一，并引起人们进一步的重视。人工智能在语言翻译与语音理解程序方面已经取得的成就，发展为人类自然语言处理的新概念。

一个能够理解自然语言信息的计算机系统看起来就像一个人一样需要有上下文知识，以及根据这些上下文知识用信息发生器进行推理的过程。

### 4．专家系统

专家系统是一个智能计算机程序系统，其内部具有大量专家水平的某个领域的知识与经验，能够利用人类专家的知识和解决问题的方法来解决该领域的问题。也就是说，专家系统是一个具有大量专门知识与经验的程序系统，它应用人工智能技术，根据某个领域中一个或多个人类专家提供的知识与经验进行推理和判断，模拟人类专家的决策过程，以解决那些需要专家决定的复杂问题。

专家系统的关键是表达和运用专家知识，即来自人类专家的并已被证明对解决有关领域内的典型问题有用的事实和过程。专家系统与传统的计算机程序最本质的不同之处在于专家系统所要解决的问题一般没有算法解，并且经常在不完全、不精确或不确定的信息基础上做出结论。

### 5．机器学习

学习能力无疑是人工智能研究中最突出和最重要的一个方面。学习是人类智能的主要标志和获得知识的基本手段。机器学习（自动获取新的事实及新的推理算法）是使计算机具有智能的根本途径。此外，机器学习还有助于发现人类学习的机理和揭示人脑的奥秘。

学习是一个有特定目的的知识获取过程，其内部表现为新知识结构的不断建立和修改，而外部表现为性能的改善。一个学习过程本质上是学习系统把导师（或专家）提供的信息转换成能被系统理解并应用的形式的过程。

（1）神经网络

传统的计算机不具备学习能力，无法快速处理非数值计算的形象思维等问题，也无法求解那些信息不完整、不确定性和模糊性的问题。人们一直在寻找新的信息处理机制，神经网络计算就是其中之一。

神经生理学家、心理学家与计算机科学家共同研究得出的结论是：人脑是一个功能特别强大、结构异常复杂的信息处理系统，其基础是神经元及其关联关系。因此，对人脑神经元和人工神经网络的研究，可能创造出新一代人工智能计算机——神经计算机。

（2）机器人学

支持人工智能的聊天机器人已成为销售和客户服务的关键部分。聊天机器人为企业与世界交流提供了新途径，它可以为客户提供服务并改善整体体验。早期版本的聊天机器人配置输入有限，无法处理参数之外的查询，因此，大大降低了产品的吸引力。

然而，人工智能及其技术子集改变了聊天机器人的整体功能和智能性。人工智能驱动的机器学习算法和自然语言处理让聊天机器人掌握了学习和模仿人类对话的能力。先进的处理程序让聊天机器人得以在数字商务、银行业务、研究、销售、品牌建设等领域大显身手。

支持人工智能的聊天机器人可以完成耗时且重复的人工业务，从而提高了效率，降低了人力成本，消除了人为错误，如此一来，优质服务得到保证。

（3）机器视觉

机器视觉是指计算机从图像中识别出物体、场景和活动的能力。机器视觉有着广泛的细分应用，例如，医疗成像分析被用来提高疾病的预测、诊断和治疗；人脸识别被支付宝或者网上一些自助服务用来自动识别照片里的人物。同时，在安防及监控等领域，也有很多应用。

机器视觉技术运用由图像处理操作及其他技术所组成的序列来将图像分析任务分解为便于管理的小块任务。例如，一些技术能够从图像中检测到物体的边缘及纹理。分类技术可被用作确定识别到的特征是否能够代表系统已知的一类物体。

## 1.3　云计算

### 1.3.1　云计算的概念

云计算（Cloud Computing）是基于互联网的相关服务的增加、使用和交付模式，通常涉及通过互联网来提供动态易扩展且经常是虚拟化的资源。美国国家标准与技术研究院（NTSI）定义：云计算是一种按使用量付费的模式，这种模式提供可用的、便捷的、按需的网络访问，进入可配置的计算资源共享池（资源包括网络、服务器、存储、应用软件、服务），这些资源能够被快速提供，只需要投入管理工作，或与服务供应商进行很少的交互。

云计算与分布式计算、效用计算、自主计算的差别：

① 分布式计算：一门计算机科学。它研究如何把一个需要非常巨大的计算能力才能解决的问题分成许多小的部分，然后把这些部分分配给许多计算机进行处理，最后把这些计算结果综合起来得到最终结果。中国科学技术信息研究所对分布式计算的定义为：分布式计算是一种在两个或多个软件互相共享信息下，既可在同一台计算机上运行，也可在通过网络连接起来的多台计算机上运行。

② 效用计算：一种提供服务的模型。在这个模型里服务提供商产生客户需要的计算资源和基础设施管理，并根据某个应用，而不是仅仅按照速率进行收费。

③ 自主计算：美国 IBM 公司于 2001 年 10 月提出的一种新概念。IBM 将自主计算定义为"能够保证电子商务基础结构服务水平的自我管理技术"。其最终目的在于使信息系统能够自动地对自身进行管理，并维持其可靠性。

云计算是通过大量的分布式计算机完成计算的，而非本地计算机或远程服务器。企业数据中心的运行与互联网更相似，这使得企业能够将资源切换到需要的应用上，根据需求访问计算机和存储系统。

云计算的特点：

① 超大规模："云"具有相当的规模，例如，Google 云计算已经拥有 100 多万台服务器，Amazon、IBM、微软、Yahoo 等的云均拥有几十万台服务器。企业私有云一般拥有数百上千台服务器。"云"能赋予用户前所未有的计算能力。

② 虚拟化：云计算支持用户在任意位置、使用任意终端获取应用服务。所请求的资源来自云，而不是固定的、有形的实体。应用在云中某处运行，但实际上用户无须了解，也不用担心应用运行的具体位置。只需要一个终端就可以通过网络服务来实现需要的一切，甚至包括超级计算这样的任务。

③ 高可靠性：云使用了数据多副本容错、计算节点同构可互换等措施来保障服务的高可靠性，使云计算比本地计算机更可靠。

④ 通用性：云计算不针对特定的应用，在云的支撑下可以构造出千变万化的应用，同一个云可以同时支持不同的应用运行。

⑤ 高可扩展性：云的规模可以动态伸缩，满足应用和用户规模增长的需要。

⑥ 按需服务：云是一个庞大的资源池，可以按需购买；云可以像自来水、电、燃气那样计费。

⑦ 极其廉价：由于云的特殊容错措施，可以采用极其廉价的节点来构成云。云的自动化集中式管理使大量企业无须负担日益高昂的数据中心管理成本，云的通用性使资源的利用率较之传统系统大幅提升，因此用户可以充分享受云的低成本优势。

## 1.3.2　云计算的应用

云计算技术已经普遍服务于现如今的互联网服务中，最常见的就是网络搜索引擎和网络邮箱。搜索引擎如谷歌和百度，在任何时刻，只要通过移动终端就可以在搜索引擎上搜索任何自己想要的资源，通过云端共享数据资源。而网络邮箱也是如此，在过去，寄写一封邮件是一件比较麻烦的事情，同时也是很慢的过程，而在云计算技术和网络技术的推动下，电子邮箱成了社会生活中的一部分，只要在网络环境下，就可以实现实时的邮件的寄发。云计算技术已经融入现今的社会和人们的生活。

① 存储云：又称云存储，是在云计算技术上发展起来的一个新的存储技术。云存储是一个以数据存储和管理为核心的云计算系统。用户可以将本地的资源上传至云端，也可以在任何地方连入互联网来获取云上的资源。在国内，百度云和腾讯微云则是市场占有量最大的存储云。存储云向用户提供了存储容器服务、备份服务、归档服务和记录管理服务等，大大方便了使用者对资源的管理。

② 医疗云：指在云计算、移动技术、多媒体、4G/5G 通信、大数据，以及物联网等新技术基础上，结合医疗技术，使用"云计算"来创建医疗健康服务云平台，实现了医疗资源的共享和医疗范围的扩大。因为云计算技术的运用与结合，医疗云提高了医疗机构的效率，方便了居民就医。现在医院的预约挂号、电子病历、医保等都是云计算与医疗领域相结合的产物，医疗云还具有数据安全、信息共享、动态扩展、布局全国的优势。

③ 金融云：指利用云计算的模型，将信息、金融和服务等功能分散到庞大分支机构构成的互联网"云"中，旨在为银行、保险和基金等金融机构提供互联网处理和运行服务，同时共享互联网资源，从而解决现有问题并且达到高效、低成本的目标。2013 年 11 月 27 日，阿里云整合阿里巴巴旗下资源并推出阿里金融云服务。因为金融与云计算的结合，现在只需要在手机上利用快捷支付的简单操作，就可以完成银行存款、购买保险和基金买卖。现在，不仅阿里巴巴推出了金融云服务，苏宁金融、腾讯等企业也推出了自己的金融云服务。

④ 教育云：实质上是指教育信息化的一种发展。教育云将所需要的任何教育硬件资源虚拟化，然后将其传入互联网中，以向教育机构和学生、老师提供一个方便快捷的平台。慕课（MOOC）就是教育云的一种应用。MOOC 指的是大规模开放的在线课程。中国大学 MOOC 也是非常好的平台。2013 年 10 月 10 日，清华大学推出 MOOC 平台——学堂在线，许多大学现已使用学堂在线开设了一些课程的 MOOC。

## 1.3.3　云计算的体系结构

云计算体系结构分为四层：物理资源层、资源池层、管理中间件层和 SOA（Service-Oriented Architecture，面向服务的体系结构）构建层，如图 1-14 所示。

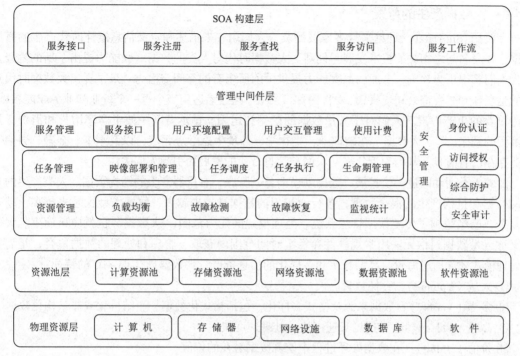

**图 1-14　云计算体系结构**

物理资源层包括计算机、存储器、网络设施、数据库和软件等。资源池层是将大量相同类型的资源构成同构或接近同构的资源池，如计算资源池、数据资源池等。构建资源池是物理资源的集成和管理工作，例如研究在一个标准集装箱的空间如何装下 2 000 个服务器、解决散热和故障节点替换的问题并降低能耗。管理中间件层负责对云计算的资源进行管理，并对众多应用任务进行调度，使资源能够高效、安全地为应用提供服务。SOA 构建层将云计算能力封装成标准的 Web Services 服务，并纳入 SOA 体系进行管理和使用，包括服务接口、服务注册、服务查找、服务访问和服务工作流等。管理中间件层和资源池层是云计算技术的最关键部分，SOA 构建层的功能更多依靠外部设施提供。

云计算的管理中间件层负责资源管理、任务管理、用户管理和安全管理等工作。资源管理负责均衡地使用云资源节点，检测节点的故障并试图恢复和屏蔽它，并对资源的使用情况进行监视统计；任务管理负责执行用户或应用提交的任务，包括完成用户任务映像（Image）部署和管理、任务调度、任务执行、生命期管理等；用户管理是实现云计算商业模式的一个必不可少的环节，包括提供用户交互接口、管理和识别用户身份、创建用户程序的执行环境、对用户的使用进行计费等；安全管理保障云计算设施的整体安全，包括身份认证、访问授权、综合防护和安全审计等。

## 1.4　大数据

云计算是大数据探索过程中的动力源泉，通过对大数据进行检索、分析、挖掘、研判，可以使得决策更为精准，释放出数据背后隐藏的价值。大数据正在改变人们的生活及理解世界的方式，正在成为新发明和新服务的源泉，而更多的改变正蓄势待发。

### 1.4.1　大数据产生的背景

大数据 (Big Data) 一词越来越多地被提及，人们用它来描述和定义信息爆炸时代产生的海量数据，并命名与之相关的技术发展与创新。大数据时代对人类的数据驾驭能力提出了新的挑战，也为人们获得更为深刻、全面的洞察能力提供了前所未有的空间与潜力。最早提出大数据时代到来的是全球知名咨询公司麦肯锡，麦肯锡称："数据，已经渗透到当今每一个行业和业务职能领域，成为重要的生产因素。人们对于海量数据的挖掘和运用，预示着新一波生产率增长和消费者盈余浪潮的到来。""大数据"在物理学、生物学、环境生态学等领域，以及军事、金融、通信等行业存在已有时日，却因为近年来互联网和信息行业的发展而引起人们关注。

随着人类活动的进一步扩展，数据规模会急剧膨胀，有机器产生的结构数据、人类产生的非结构数据和机构产生的混合数据，各行业积累的数据量越来越大，数据类型也越来越多、越来越复杂，已经超越了传统数据管理系统、处理模式的能力范围，"大数据"也就应运而生。大数据又称巨量数据，指无法用常规软件在特定时间范围内获取、管理和处理的数据集合，是需要新处理模式才能适应海量、高增长率和多样化的信息资产。大数据具有 5V+1C 的特征：

① 大量（Volume）：存储数量巨大。

② 多样（Variety）：数据来源及格式多样化，包括格式化数据、半结构化或非结构化数据。

③ 高速（Velocity）：数据增长速度快、处理速度快。

④ 价值（Value）：在数据处理过程中挖掘数据潜在的价值。

⑤ 准确性（Veracity）：数据处理结果保证准确性。

⑥ 复杂（Complexity）：数据处理和分析难度大。

从大数据的特征可以看出 3 个层次的内容：海量的数据；数据复杂度高；处理时效与分析得到的结果的可用性。数据海量加之结构复杂，对分析处理的技术要求相当高，数据的及时处理难度相当大；同时，从大数据中提取出来的规律或结果必须是真实的、有价值的、可用的。可见，大数据问题涉及从存储、转换、传输直到分析的每一个层面，运用传统的数据处理工具和技术无法满足实时处理大数据的需求。

### 1.4.2　大数据的应用场景

对于大数据的应用场景，包括各行各业对大数据处理和分析的应用，最核心的还是用户需求。下面通过梳理各个行业在大数据领域的应用来展示其潜在的大数据应用场景。

#### 1. 医疗大数据的应用

医疗行业的数据符合大数据的特征，包括大量的病例、病理报告、治愈方案、药物报告等，对这些数据进行整理和应用将会极大地帮助医生和病人。借助于大数据平台可以收集不同病例和治疗方案，以及病人的基本特征，可以建立针对疾病特点的数据库。在医生诊断病人时可以参考病人的疾病特征、化验报告和检测报告，参考疾病数据库来快速帮助病人确诊，明确定位疾病。在制定治疗方案时，医生可以依据病人的基因特点，调取相似基因、年龄、人种、身体情况相同的有效治疗方案，制定出适合病人的治疗方案，帮助更多人及时进行治疗。同时，这些数据也有利于医药行业开发出更加有效的药物和医疗器械。

#### 2. 金融大数据的理财应用

大数据在金融行业的应用可以总结为以下五方面：

① 准营销：依据客户消费习惯、地理位置、消费时间进行推荐。

② 风险管控：依据客户消费和现金流提供信用评级或融资支持，利用客户社交行为记录实施信用卡反欺诈。

③ 决策支持：利用决策树技术进行抵押贷款管理，利用数据分析报告实施产业信贷风险控制。

④ 效率提升：利用金融行业全局数据了解业务运营薄弱点，利用大数据技术加快内部数据处理速度。

⑤ 产品设计：利用大数据计算技术为财富客户推荐产品，利用客户行为数据设计满足客户需求的金融产品。

### 3. 零售行业大数据的应用

零售行业大数据应用有两个层面：一个层面是零售行业可以了解客户消费喜好和趋势，进行商品的精准营销，降低营销成本；另一个层面是依据客户购买的产品，为客户提供可能购买的其他产品，扩大销售额，也属于精准营销范畴。另外，零售行业可以通过大数据掌握未来消费趋势，有利于热销商品的进货管理和过季商品的处理。零售行业的数据对于产品生产厂家是非常宝贵的，零售商的数据信息有助于资源的有效利用，降低产能过剩，厂商依据零售商的信息按实际需求进行生产，减少不必要的生产浪费。

### 4. 农牧大数据量化生产

大数据在农业应用主要是指依据未来商业需求的预测来进行农牧产品生产，降低菜贱伤农的概率。同时大数据的分析将会更加精确地预测未来的天气，帮助农牧民做好自然灾害的预防工作。大数据同时也会帮助农民依据消费者的消费习惯决定增加哪些品种的种植，减少哪些品种农作物的生产，提高单位种植面积的产值，同时有助于快速销售农产品，完成资金回流。牧民可以通过大数据分析安排放牧范围，有效利用牧场。渔民可以利用大数据安排休渔期、定位捕鱼范围等。

### 5. 教育大数据因材施教

随着技术的发展，信息技术已在教育领域有了越来越广泛的应用。考试、课堂、师生互动、校园设备使用、家校关系……只要技术达到的地方，各个环节都被数据包裹。

在课堂上，数据不仅可以帮助改善教育教学，在重大教育决策制定和教育改革方面，大数据更有用武之地。有了充分的数据，便可以发掘更多的教师特征和学生成绩之间的关系，从而为挑选教师提供更好的参考。大数据还可以帮助家长和教师甄别出孩子的学习差距和有效的学习方法。利用评估工具的数据分析可以让教师跟踪学生的学习情况，从而找到学生的学习特点和方法。这些都可以通过大数据搜集和分析很快识别出来，从而为教育、教学提供坚实的依据。

在国内尤其是北京、上海、广东等城市，大数据在教育领域已有了非常多的应用，例如，慕课、在线课程、翻转课堂等，就应用了大量的大数据工具。

在不远的将来，无论是针对教育管理部门，还是校长、教师，以及学生和家长，都可以得到针对不同应用的个性化分析报告。通过大数据的分析来优化教育机制，也可以做出更科学的决策，这将带来潜在的教育革命。不久的将来，个性化学习终端将会更多地融入学习资源云平台，根据每个学生的不同兴趣爱好和特长，推送相关领域的前沿技术、资讯、资源乃至未来职业发展方向等，并贯穿每个人终身学习的全过程。

### 6. 环境大数据对抗 PM2.5

气象对社会的影响涉及方方面面。传统上依赖气象的主要是农业、林业和水运等行业部门，而如今，气象俨然成了 21 世纪社会发展的资源，并支持定制化服务满足各行各业用户需要。借助于大数据技术，天气预报的准确性和实效性将会大大提高，预报的及时性将会大大提升，同时对于重大自然灾害（如龙卷风），通过大数据计算平台，人们将会更加精确地了解其运动轨迹和危害的等级，有利于帮助人们提高应对自然灾害的能力。天气预报准确度的提升和预测周期的延长将有利于农业生产的安排。

### 7. 大数据在食品安全中的应用

随着科学技术和生活水平的不断提高，食品添加剂及食品品种越来越多，传统手段难以满足当前复杂的食品监管需求。从不断出现的食品安全问题来看，食品监管成了食品安全的棘手问题。此刻，通过大数据管理将海量数据聚合在一起，将离散的数据需求聚合能形成数据长尾，从而满足传统方式下难以实现的需求。在数据驱动下，采集人们在互联网上提供的举报信息，国家可以掌握部分乡村和城市的死角信息，挖出不法加工点，提高执法透明度，降低执法成本。国家可以参考医院提供的就诊信息，分析出涉及食品安全的信息，及时进行监督检查，第一时间进行处理，降低已有不安全食品的危害。参考个体在互联网的搜索信息，掌握流行疾病在某些区域和季节的爆发趋势，及时进行干预，降低其流行危害。政府可以提供不安全食品厂商信息和不安全食品信息，帮助人们提高食品安全意识。

食品安全涉及从田头到餐桌的每一个环节，需要覆盖全过程的动态监测才能保障食品安全。以稻米生产为例，产地、品种、土壤、水质、病虫害发生、农药种类与数量、化肥、收获、储藏、加工、运输、销售等环节，无一不影响稻米安全状况。通过收集、分析各环节的数据，可以预测某产地生产的稻米是否存在安全隐患。

### 8. 大数据在疫情中的应用

在新冠肺炎疫情中，大数据技术得到了充分的应用。具体的应用场景主要体现在三方面：建立人口流动大数据系统、追踪疫情最新进展、共享公共信息平台。

（1）建立人口流动大数据系统

这场波及全世界的肺炎疫情发生后，为了及时开展防控工作，我国各地立即采用大数据技术建立起人口流动数据系统。依托于医院及疫情防控中心等权威机构共享的数据，通过监控指定区域的用户频繁搜索的关键词信息，检测出某地区已经出现各种不明原因的未知疾病，再与数据库中已有数据进行对比分析，尝试找出可能病源。只有这样才能对潜在疫情发展进行及时有效的动态监测，并且为实时预警和精准防控提供全面系统、高效便捷的技术判断基础，也有利于相关部门、各地方政府及时做好疫情预警与防控工作。在新冠肺炎疫情防控工作中，运用大数据技术进行疫情防控，有效地解决了手工登记人员外出流动出现的效率低、流程多、分工杂等问题，并充分发挥大数据高效管理、精准识别身份、建立台账可追溯和操作简便可持续等优点。

（2）追踪疫情最新进展

在疫情面前，追踪疫情最新进展是主动对抗疫情的有效手段之一。大数据技术除了可以提供研判预警之外，在筛查、追踪传染源、阻断疫情传播路径等方面，发挥了积极的作用。以 12306 票务平台为例，它利用实名制售票的大数据优势，及时配合地方政府及各级防控机构提供确诊病人车上密切接触者信息。如果出现确诊或疑似旅客，会调取旅客相关信息，包括车次、车厢等，然后提供给相关防疫部门进行后续处理。此外，利用大数据分析还可以看到人群迁徙图，具体到哪些城市。例如，百度地图推出迁徙地图总结描绘出了全国春运人员迁徙热力图，包含来源地、目的地、迁徙规模指数、迁徙规模趋势图等。因此，大数据的应用场景主要体现在疫情的防控工作中。通过大数据应用平台，时刻掌握各个省市的入省人数、疫区人数和体温异常情况等统计分析数据。

（3）共享公共信息平台

公众主要通过社交网络、门户网站、搜索引擎等渠道了解疫情信息，但是这些信息不仅庞杂分散，而且良莠不齐。为了让全国人民第一时间了解最新的疫情信息及防控进展，大数据技术派上了大用场。如《人民日报》、新华社、人民网等主流媒体，以及阿里巴巴等科技企业，均依托大数据技术，通过网站、APP 等渠道，以疫情地图、疫情趋势、国内国外疫情等形式，实时播报肺炎疫情动态。只要点击系统界面地图中的每个省份，就可以显示各省确诊、疑似、死亡的新增及累计数据详情，甚至能精确到每个小区。这样，不仅为疫情防控阻击战提供了数据支撑，也充分保障了海内外公众知情权，对于增强科学防控知识、提高科学防控意识具有积极作用。

在此次疫情的应用场景中可以看到，大数据技术无论是在防控还是在预警中都具有巨大作用。

### 1.4.3　大数据的关键技术

大数据技术是一系列使用非传统的工具来对大量的结构化、半结构化和非结构化数据进行处理，从而获得分析和预测结果的数据处理技术。大数据关键技术涵盖数据存储、处理、应用等多方面的技术。根据大数据的处理过程，可将其分为大数据采集、大数据预处理、大数据存储及管理、大数据处理、大数据分析及挖掘、大数据呈现等。

#### 1. 大数据采集技术

大数据采集技术是指通过 RFID 数据、传感器数据、社交网络交互数据及移动互联网数据等方式获得各种类型的结构化、半结构化及非结构化的海量数据。大数据的采集通常采用多个数据库来接收终端数据，包括智能硬件端、多种传感器端、网页端、移动 APP 应用端等。

在大数据的采集过程中，主要面对的挑战是并发数高，因为同时可能会有成千上万的用户来进行访问和操作，例如，12306 售票网站和淘宝网站，它们并发的访问量在峰值时达到上百万，所以，需要在采集端部署大量数据库才能支撑，并且如何在这些数据库之间进行负载均衡和分片也是需要深入思考和设计的。

#### 2. 大数据预处理技术

大数据预处理技术主要是指完成对已接收数据的辨析、抽取、清洗、填补、平滑、合并、规格化及检查一致性等操作。因获取的数据可能具有多种结构和类型，数据抽取的主要目的是将这些复杂的数据转化为单一的或者便于处理的结构，以达到快速分析处理的目的。

通常数据预处理包含三部分：数据清理、数据集成和数据归约。

（1）数据清理

数据清理主要包含遗漏值处理（缺少感兴趣的属性）、噪声数据处理（数据中存在错误或偏离期望值的数据）和不一致数据处理。

① 遗漏数据可用全局常量、属性均值、可能值填充，或者直接忽略该数据等方法进行处理。

② 噪声数据可用分箱（对原始数据进行分组，然后对每一组内的数据进行平滑处理）、聚类、计算机人工检查和回归等方法去除。

③ 对于不一致数据可进行手动更正。

（2）数据集成

数据集成是指把多个数据源中的数据整合并存储到一个一致的数据库中。这一过程中需要着重解决 3 个问题：模式匹配、数据冗余、数据值冲突检测与处理。

由于来自多个数据集合的数据在命名上存在差异，因此等价的实体常具有不同的名称。对来自多个实体的不同数据进行匹配是处理数据集成的首要问题。数据冗余可能来源于数据属性命名的不一致，可以利用皮尔逊积矩来衡量数值属性，对于离散数据可以利用卡方检验来检测两个属性之间的关联。数据值冲突问题主要表现为，来源不同的统一实体具有不同的数据值。数据变换的主要过程有平滑、聚集、数据泛化、规范化及属性构造等。

（3）数据归约

数据归约是指在对挖掘任务和数据本身内容理解的基础上，寻找依赖于发现目标的数据的有用特征，以缩减数据规模，从而在尽可能保持数据原貌的前提下，最大限度地精简数据量。在规约后的数据集上进行挖掘，依然能够得到与使用原数据集时近乎相同的分析结果。

在大数据的集成和预处理过程中，主要问题是导入的数据量大，每秒的导入量经常会达到百兆，甚至千兆级别。

### 3. 大数据存储及管理技术

大数据存储及管理的主要目的是用存储器把采集到的数据存储起来，建立相应的数据库，并进行管理和调用。在大数据时代，从多渠道获得的原始数据常常缺乏一致性，数据结构混杂并且数据不断增长。这就造成了单机系统的性能不断下降，即使不断提升硬件配置也难以跟上数据增长的速度，因此导致传统的处理和存储技术失去可行性。

大数据存储及管理技术重点研究复杂结构化、半结构化和非结构化大数据管理与处理技术，解决大数据的可存储、可表示、可处理、可靠性及有效传输等几个关键问题。主要包含以下几个问题：海量文件的存储与管理，海量小文件的存储、索引和管理，海量大文件的分块与存储，系统可扩展性与可靠性。

面对海量的 Web 数据，为了满足大数据的存储和管理，Google 自行研发了一系列大数据技术和工具用于内部各种大数据应用，并将这些技术以论文的形式逐步公开。因此，以 GFS、MapReduce、BigTable 为代表的一系列大数据处理技术被广泛了解并得到应用，同时还催生出以 Hadoop 为代表的一系列大数据开源工具。

### 4. 大数据处理技术

大数据的应用类型很多，主要的处理模式可以分为流处理模式和批处理模式两种。批处理是先存储后处理，而流处理则是直接处理。

（1）批处理模式

Google 公司在 2004 年提出的 MapReduce 编程模型是最具代表性的批处理模式。MapReduce 模型首先将用户的原始数据源进行分块，然后分别交给不同的 Map 任务去处理。Map 任务从输入中解析出 key/value 对集合，然后对这些集合执行用户自行定义的 Map 函数以得到中间结果，并将该结果写入本地硬盘。Reduce 任务从硬盘上读取数据之后，会根据 key 值进行排序，将具有相同 key 值的数据组织在一起。最后，用户自定义的 Reduce 函数会作用于这些排好序的结果并输出最终结果。

（2）流处理模式

流处理模式中数据的价值会随着时间的流逝而不断减少。因此，尽可能快地对最新的数据做出分析并给出结果是所有流处理模式的主要目标。需要采用流处理模式的大数据应用场景主要有网页点击数的实时统计、传感器网络、金融中的高频交易等。

流处理模式将数据视为流，将源源不断的数据组成数据流。当新的数据到来时就立刻处理并返回所需的结果。数据的实时处理是一个很有挑战性的工作，数据流本身具有持续到达、速度快、规模巨大等特点，因此，通常不会对所有的数据进行永久化存储，同时，由于数据环境处在不断地变化之中，系统很难准确掌握整个数据的全貌。

由于响应时间的要求，流处理的过程基本在内存中完成，其处理方式更多地依赖于在内存中设计巧妙的概要数据结构。内存容量是限制流处理模式的一个主要瓶颈。

### 5．大数据分析及挖掘技术

随着大数据的广泛应用使得大数据的属性，包括数量、速度、多样性等都引发了大数据不断增长的复杂性，所以大数据的分析方法在大数据领域就显得尤为重要，可以说是决定最终信息是否有价值的决定性因素。

利用数据挖掘进行数据分析的常用方法主要有分类、回归分析、聚类、关联规则等，它们分别从不同的角度对数据进行挖掘。

（1）分类

分类是找出数据库中一组数据对象的共同特点并按照分类模式将其划分为不同的类。其目的是通过分类模型，将数据库中的数据项映射到某个给定的类别。它可以应用到客户的分类、客户的属性和特征分析、客户满意度分析、客户的购买趋势预测等。

（2）回归分析

回归分析方法反映的是事务数据库中属性值在时间上的特征。该方法可产生一个将数据项映射到一个实值预测变量的函数，发现变量或属性间的依赖关系，其主要研究问题包括数据序列的趋势特征、数据序列的预测及数据间的相关关系等。

回归分析可以应用到市场营销的各个方面，如客户需求、保持和预防客户流失活动、产品生命周期分析、销售趋势预测和有针对性的促销活动等。

（3）聚类

聚类是把一组数据按照相似性和差异性分为几个类别。其目的是使得属于同一类别的数据间的相似性尽可能大，不同类别中的数据间的相似性尽可能小。它可以应用于客户群体的分类、客户背景分析、客户购买趋势预测、市场的细分等。

（4）关联规则

关联规则是描述数据库中数据项之间所存在的关系的规则。即根据一个事务中某些项的出现可推导出另一些项在同一事务中也会出现，即隐藏在数据间的关联或相互关系。

在客户关系管理中，通过对企业的客户数据库中的大量数据进行挖掘，可以从大量的记录中发现关联关系，找出影响市场营销效果的关键因素，为产品定位、定价、客户寻求、细分与保持，市场营销与推销，营销风险评估和诈骗预测等决策支持提供参考依据。

### 6．大数据呈现技术

在大数据时代，数据井喷似地增长，分析人员将这些庞大的数据汇总并进行分析，而分析出的成果如果是密密麻麻的文字，就会增加理解的难度，因此就需要将数据可视化。

图表甚至动态图的形式可将数据更加直观地展现给用户，从而减少用户的阅读和思考时间，以便很好地做出决策。可视化技术是最佳的结果展示方式之一，通过清晰的图形图像直观地反映出最终结果。

数据可视化是将数据以不同的视觉表现形式展现在不同系统中，包括相应信息单位的各种属性和变量。数据可视化技术通过表达、建模，以及对立体、表面、属性、动画的显示，对数据加以可视化解释。

传统的数据可视化工具仅仅将数据加以组合，通过不同的展现方式提供给用户，用于发现数据之间的关联信息。随着大数据时代的来临，数据可视化产品已经不再满足于使用传统的数据可视化工具来对数据仓库中的数据进行抽取、归纳及简单的展现。

新型的数据可视化产品必须满足互联网上爆发的大数据需求，必须快速收集、筛选、分析、归纳、展现决策者所需要的信息，并根据新增的数据进行实时更新。因此，在大数据时代，数据可视化工具具有以下特性：

（1）实时性

数据可视化工具应适应大数据时代数据量的爆炸式增长需求，快速收集分析数据，并对数据信息进行实时更新。

（2）操作简单

数据可视化工具满足快速开发、易于操作的特性，能满足互联网时代信息多变的特点。

（3）更丰富的展现

数据可视化工具需要具有更丰富的展现方式，能充分满足数据展现的多维度要求。

（4）多种数据集成支持方式

数据的来源不仅仅局限于数据库，数据可视化工具将支持团队协作数据、数据仓库、文本等多种方式，并能够通过互联网进行展现。

获取数据可视化功能主要通过编程和非编程两类工具实现。主流编程工具包括 3 种类型。从艺术的角度创作的数据可视化工具，比较典型的工具是 Processing.js，它是为艺术家提供的编程语言。从统计和数据处理的角度创作的数据可视化工具，R 语言是一款典型的工具，它本身既可以做数据分析，又可以做图形处理。介于两者之间的工具，既要兼顾数据处理，又要兼顾展现效果，D3.js 是一个不错的选择，像 D3.js 这种基于 JavaScript 的数据可视化工具更适合在互联网上互动时展示数据。

## 小结

本章主要介绍了计算机的产生与发展、人工智能、云计算和大数据技术。通过本章的学习，学生能够掌握计算机的产生和发展历史及发展趋势，从而了解计算机技术发展中取得重大突破的历史背景；了解人工智能、云计算、大数据技术的基本概念及应用领域，跟踪和了解专业领域的国内外发展趋势和行业热点问题；具备基于计算机科学与技术相关背景知识进行合理分析的能力，能够评价计算机科学与技术专业工程实践和复杂工程问题解决方案的社会影响。

## 习题一

一、选择题

1. ENIAC 计算机的机器字长为_____。

    A. 32 位二进制数     B. 0 位二进制数

    C. 32 位十进制数     D. 10 位十进制数

2. 冯·诺依曼结构计算机必须具备的基本组成部件有_____。

    A. 输入设备、CPU、存储器、总线、键盘

    B. 输入设备、存储器、运算器、控制器、输出设备

    C. 输入设备、运算器、控制器、硬盘、显示器

    D. 键盘、CPU、存储器、网卡、显示器

3. 智能计算机的组成有：知识库、_____、智能接口系统、应用系统。

    A. 存储器       B. 运算器       C. 问题求解和推理机       D. 控制器

4. 第五代计算机系统要达到的目标是用_____进行输入/输出。

    A. 自然语言、图形、图像和文件       B. 键盘

    C. 鼠标       D. 语音

5. 按照计算资源的划分云计算可以分为_____。

    A. 基础设施即服务、平台即服务、硬件即服务

    B. 础设施即服务、平台即服务、软件即服务

    C. 存储设施即服务、平台即服务、软件即服务

    D. 基础设施即服务、系统即服务、硬件即服务

6. 从自然界得到启发，模仿其结构和工作原理所设计的问题求解算法，如遗传算法、粒子群算法、蚁群算法等是_____的应用。

    A. 云计算       B. 生物计算       C. 智能计算       D. 大数据

7. 下列选项中_____是人工智能的主要应用领域。

    A. 问题求解、自然语言理解、医疗云

    B. 存储云、逻辑推理与定理证明、专家系统

    C. 机器学习、金融、神经网络

    D. 逻辑推理与定理证明、自然语言理解、专家系统

8. 下列选项中_____是云计算的特点。

    A. 超大规模、虚拟化、按需服务

    B. 虚拟化、价格昂贵、高可靠性

    C. 按需服务、虚拟化、价格昂贵

    D. 不可扩展、按需服务、虚拟化

9. 云计算体系结构分为4层：物理资源层、资源池层、_____、SOA 构建层。

    A. 硬件层       B. 管理中间件层       C. 操作系统层       D. 应用软件层

10. 大数据的5V+1C 的特征是_____。

    A. 大量、多样、低速、价值、准确性、复杂

    B. 大量、结构化数据、高速、价值、准确性、复杂

    C. 大量、多样、高速、价值、准确性、复杂

    D. 大量、结构化数据、低速、价值、准确性、复杂

## 二、判断题

1. ENIAC 计算程序的存储是通过"外接"线路完成的。      （    ）

2. 冯·诺依曼结构计算机是通过"外接"线路完成数据存储的。　　　　　（　　）

3. 人工智能是研究如何用人工的方法和技术来模仿、延伸和扩展人的智能，以实现某些"机器思维"或脑力劳动自动化的一门学科。　　　　　（　　）

4. 模式识别的一个例子是智能计算。　　　　　（　　）

5. 专家系统是一个智能计算机程序系统，其内部具有大量专家水平的某个领域的知识与经验，能够利用人类专家的知识和解决问题的方法来解决该领域的问题。（　　）

6. 资源池层包括计算机、存储器、网络设施、数据库和软件等。　　　　　（　　）

7. 大数据在金融行业的应用中精准营销是依据客户消费习惯、地理位置、消费时间进行推荐。　　　　　（　　）

8. 大数据采集技术是指通过 RFID 数据、传感器数据、社交网络交互数据及移动互联网数据等方式获得各种类型的结构化、半结构化及非结构化的海量数据。　　　　　（　　）

9. 大数据预处理技术中的数据清理主要包含遗漏值处理、噪声数据处理和不一致数据处理。　　　　　（　　）

10. 大数据的数据可视化工具仅仅将数据加以组合，通过不同的展现方式提供给用户，用于发现数据之间的关联信息。　　　　　（　　）

### 三、填空题

1. 冯·诺依曼结构计算机体现了_____的基本思维。

2. 云计算体现的是_____、_____、_____的一种计算资源虚拟化服务化的基本思维。

3. "云计算"模式是将_____推广到现实世界的各种资源，以_____的形式提供，以_____的形式进行资源的_____、资源的_____、资源的_____等资源服务的新模式。

4. 智能研究也在研究人的_____并将其应用于问题求解机器的设计中。

5. 生物计算是指利用计算机技术研究生命体的特征和利用生命体的特征研究计算机的_____等技术的统称。

6. 云计算的应用有存储云、_____、_____、教育云。

### 四、简答题

1. 冯·诺依曼结构计算机具有哪些功能？

2. 人工智能计算机与传统计算机的主要差别是什么？

3. 请列举大数据的应用场景。

第 2 章

# 数据表示

## 引言

计算机中的信息，都是用二进制数表示，但这些二进制数有多种表现形式，如数值、字符、声音、图像与图形数据等。本章分别介绍这几种信息形式在计算机中是如何用二进制代码表示的。

## 内容结构图

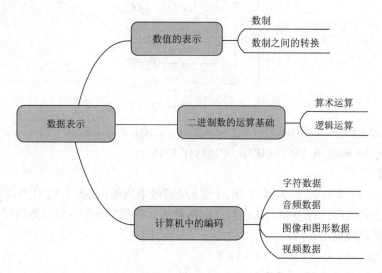

## 学习目标

- 了解计算机中的数据表示的意义。
- 掌握计算机中的数值、字符、音频、图像和图形、音频数据的表示方法。
- 理解数值之间的转换。
- 理解二进制数的四则运算与逻辑运算。

## 2.1 数值的表示

### 2.1.1 数制

数制也就是计数法、进位制。目前人们通用的数制是十进制，而日常生活中还有其他进制数，例如，用四进制表示一年中的 4 个季度，用七进制表示一周中的 7 天，用十二进制表示一年中的 12 个月，用二十四进制表示一天 24 小时等。

数制也称为"计数制"，是用一组固定的符号和统一的规则来表示数值的方法。任何一个数制都包含两个基本要素：基数和位权。

### 1. 十进制

十进制是人们在日常生活中最熟悉的进位计数制。在十进制中，数用 0、1、2、3、4、5、6、7、8、9 这 10 个符号来描述，基数是 10，计数规则是逢十进一，处于不同位置的数码位权不同。从小数点向两侧数，整数部分第 $n$ 位的数码位权是 $10^{n-1}$，小数部分第 $m$ 位的数码位权是 $10^{-m}$。

例如：$168.256 = 1 \times 10^2 + 6 \times 10^1 + 8 \times 10^0 + 2 \times 10^{-1} + 5 \times 10^{-2} + 6 \times 10^{-3}$

表示：$(168.256)_{10}$ 或 168.256D

### 2. 二进制

在二进制中，数用 0、1 这两个符号来描述。基数是 2，计数规则是逢二进一，处于不同位置的数码位权不同。从小数点向两侧数，整数部分第 $n$ 位的数码位权是 $2^{n-1}$，小数部分第 $m$ 位的数码位权是 $2^{-m}$。例如，对于下列二进制数，各位的"位权"分别为：

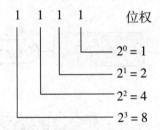

例如：$101110.101 = 1 \times 2^5 + 0 \times 2^4 + 1 \times 2^3 + 1 \times 2^2 + 1 \times 2^1 + 0 \times 2^0 + 1 \times 2^{-1} + 0 \times 2^{-2} + 1 \times 2^{-3}$

表示：$(101110.101)_2$ 或 101110.101B 或 101110.101b

### 3. 八进制

在八进制中，数用 0、1、2、3、4、5、6、7 这 8 个符号来描述，基数是 8，计数规则是逢八进一，处于不同位置上的数码位权不同。从小数点向两侧数，整数部分第 $n$ 位的数码位权是 $8^{n-1}$，小数部分第 $m$ 位的数码位权是 $8^{-m}$。

例如：$(267.5)_8 = 2 \times 8^2 + 6 \times 8^1 + 7 \times 8^0 + 5 \times 8^{-1}$

表示：$(267.5)_8$ 或 267.5Q 或 267.5q

有些书的八进制后缀采用字母"O"表示，但字母"O"与数字"0"很像，容易混淆。

### 4. 十六进制

在十六进制中，数用 0、1、2、3、4、5、6、7、8、9、A、B、C、D、E、F 这 16 个符号来描述，基数是 16，计数规则是逢十六进一，处于不同位置的数码位权不同。从小数点向两侧数，整数部分第 $n$ 位的数码位权是 $16^{n-1}$，小数部分第 $m$ 位的数码位权是 $16^{-m}$。常见数制的对应关系如表 2-1 所示。

例如：$(9D.C)_{16} = 9 \times 16^1 + 13 \times 16^0 + 12 \times 16^{-1}$

表示：$(9D.C)_{16}$ 或 9D.CH 或 9D.Ch

有些情况下，当第一位十六进制数位 A~F（或 a~f）时，在其前面加上数字 0，如 0A6CH。

表 2-1 常见数制的对应关系

| 十进制（D） | 二进制（B） | 八进制（Q） | 十六进制（H） |
|---|---|---|---|
| 0 | 0 | 0 | 0 |
| 1 | 1 | 1 | 1 |
| 2 | 10 | 2 | 2 |
| 3 | 11 | 3 | 3 |
| 4 | 100 | 4 | 4 |
| 5 | 101 | 5 | 5 |
| 6 | 110 | 6 | 6 |
| 7 | 111 | 7 | 7 |
| 8 | 1000 | 10 | 8 |
| 9 | 1001 | 11 | 9 |
| 10 | 1010 | 12 | A |
| 11 | 1011 | 13 | B |
| 12 | 1100 | 14 | C |
| 13 | 1101 | 15 | D |
| 14 | 1110 | 16 | E |
| 15 | 1111 | 17 | F |
| 16 | 10000 | 20 | 10 |

## 2.1.2 数制之间的转换

同一个数制可以用不同的进位制数表示，这表明不同进位制只是表示数的不同手段，它们之间可以相互转换。下面说明计算机中常用的几种进位制数之间的转换，即十进制与二进制数之间的转换、二进制与八进制或十六进制数之间的转换。

### 1. 十进制数与二进制数相互转换

（1）二进制数转换为十进制数

二进制数转换为十进制数采用权相加法，即用位权表示法展开，而后进行相加。

【例 2.1】将二进制数 101101 转换为十进制数。

$$(101101)_2 = 1 \times 2^5 + 0 \times 2^4 + 1 \times 2^3 + 1 \times 2^2 + 0 \times 2^1 + 1 \times 2^0 = 32 + 8 + 4 + 1 = 45$$

所以，$(101101)_2 = (45)_{10}$

（2）十进制数转换为二进制数

整数部分：除基数 2 取余法，直到商为 0，然后将余数倒排得到的二进制数。

小数部分：乘基数 2 取整法，直到乘积的小数部分为 0，或小数点后的位数达到了所需的精度，然后将积的整数部分顺排得到的二进制数。

【例2.2】将十进制数98.625转换成二进制数。

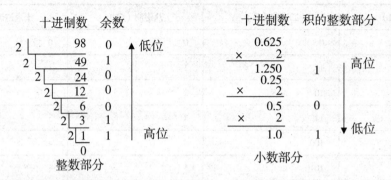

所以，$(98.625)_{10} = (1100010.101)_2$。

**2. 二进制数与八进制、十六进制数相互转换**

因为$2^3=8$，$2^4=16$，所以八进制数的0~7这8个数字可以用三位二进制数表示，十六进制数的0~15这16个数字可以用4位二进制数表示。

（1）二进制数转换为八进制数

以小数点为基准：

整数部分：从右向左，每3位为一组，最左边不足3位时，加0补足3位。

小数部分：从左向右，每3位为一组，最右边不足3位时，加0补足3位。

将以上每组中的3位二进制数用1位八进制数表示，依序排序即可得到对应的八进制数。

【例2.3】将二进制数1111011101.1011转换为八进制数。

$$1111011101.1011=001\ 111\ 011\ 101.101\ 100$$
$$=\ 1\quad 7\quad 3\quad 5\ .\ 5\quad 4$$

所以，$(1111011101.1011)_2=(1735.54)_8$。

（2）二进制数转换为十六进制数

以小数点为基准：

整数部分：从右向左，每4位为一组，最左边不足4位时，加0补足4位。

小数部分：从左向右，每4位为一组，最右边不足4位时，加0补足4位。

将以上每组中的4位二进制数用1位十六进制数表示，依序排序即可得到对应的十六进制数。

【例2.4】将二进制数101100010111100.1110101转换为十六进制数。

$$101100010111100.1110101=0101\ 1000\ 1011\ 1100.1110\ 1010$$
$$=\ 5\quad 8\quad B\quad C\ .\ E\quad A$$

所以，$(101100010111100.1110101)_2=(58BC.EA)_{16}$。

（3）八进制数转换为二进制数

将每位八进制数用3位二进制数替换，然后依序排列即可。

【例2.5】将八进制数623.54转换为二进制数。

$$173.54=\ 1\quad 7\quad 3\ .\ 5\quad 4$$
$$=\ 001\ 111\ 011.\ 101\ 100$$

所以，$(173.54)_8=(1111011.1011)_2$。

（4）十六进制数转换为二进制数

将每位十六进制数用4位二进制数替换，然后依序排列即可。

【例 2.6】将十六进制数 7A9D.BC 转换为二进制数。

$$7A9D.BC = 7\quad A\quad 9\quad D\ .\ B\quad C$$
$$=0111\ 1010\ 1001\ 1101.\ 1011\ 1100$$

所以，$(7A9D.BC)_{16}=(111101010011101.101111)_2$。

提示：整数部分最前面的 0 和小数部分最后面的 0 均可以省略。

## 2.2　二进制数的运算基础

计算机中的二进制数基本运算有两类：一是算术运算 (Arithmetic Operation)；二是逻辑运算 (Logic Operation)。算术运算包括加、减、乘、除等四则运算，逻辑运算包括逻辑与（逻辑乘）、逻辑或（逻辑加）、逻辑非及逻辑异或等运算，它们都是按位进行运算的，也称逻辑操作。

### 2.2.1　算术运算

二进制数的四则运算加、减、乘、除运算依据二进制数的特点：只有两个数字 0、1；由低位到高位"逢二进一"。

加法：逢二进一。

$0+0=0$，$0+1=1$，$1+0=1$，$1+1=10$

【例 2.7】计算二进制数的加法：1101+1011。

$$
\begin{array}{r}
1\ 1\ 0\ 1\\
+\ 1\ 0\ 1\ 1\\
\hline
1\ 1\ 0\ 0\ 0
\end{array}
$$

减法：向高位借一当二。

$1-1=0$，$1-0=1$，$0-0=0$，$0-1=1$

【例 2.8】计算二进制数的减法：1101-1011。

$$
\begin{array}{r}
1\ 1\ 0\ 1\\
-\ 1\ 0\ 1\ 1\\
\hline
0\ 0\ 1\ 0
\end{array}
$$

乘法：同时为"1"时，结果才为"1"。

$0\times0=0$，$0\times1=0$，$1\times0=0$，$1\times1=1$

【例 2.9】计算二进制数的乘法：1001×1010。

$$
\begin{array}{r}
1\ 0\ 0\ 1\\
\times\ 1\ 0\ 1\ 0\\
\hline
0\ 0\ 0\ 0\\
1\ 0\ 0\ 1\\
0\ 0\ 0\ 0\\
1\ 0\ 0\ 1\\
\hline
1\ 0\ 1\ 1\ 0\ 1\ 0
\end{array}
$$

除法：跟十进制数的除法类似，只不过结果只有 0、1。

【例2.10】计算二进制数的除法：100110 ÷ 110。

```
            0 0 0 1 1 0    商
  1 1 0 ) 1 0 0 1 1 0
            1 1 0
            1 1 1
            1 1 0
              1 0    余数
```

从例2.9和例2.10看出，二进制数乘法的结果可以通过逐次左移后的被乘数（或0）相加而获得，即乘法可以由"加法"和"移位"两种操作实现。类似地，除法可以由"减法"和"移位"两种操作实现。在计算机中，就是利用这一原理实现二进制数乘法和除法，即在运算器中只需进行加、减法及左、右移位操作便可实现四则运算。

## 2.2.2 逻辑运算

逻辑是指条件与结论之间的关系，因此逻辑运算是指对因果关系进行分析的一种运算。逻辑运算的结果并不表示数值大小，而是表示一种逻辑概念，若成立用真或1表示；若不成立用假或0表示。

常用的逻辑运算有"或"运算（逻辑加）、"与"运算（逻辑乘）、"非"运算（逻辑非）及"异或"运算（逻辑异或）等。

### 1. "与"运算

若决定一件事需要两个以上的条件且缺一不可，则结果与各条件的关系称为"与"。逻辑"与"又称逻辑"乘"，一般用符号"∧"或"·"表示。

"与"（AND）的规则如下：

$$0 \wedge 0=0 \quad 0 \wedge 1=0 \quad 1 \wedge 0=0 \quad 1 \wedge 1=1$$

设 $x$ 和 $y$ 为逻辑变量，$f$ 表示逻辑运算结果，则逻辑"与"的运算表示为

$$f=x \wedge y \text{ 或 } f=x \cdot y$$

逻辑"与"的功能：仅当逻辑变量 $x$ 与 $y$ 的值均为1时，运算结果 $f$ 为1，即两个逻辑变量的取值都为"真"时，结果才为"真"；两个逻辑变量中只要有一个为"0"，逻辑"与"的运算结果就为0（逻辑"假"）。

【例2.11】设 $X$=8FH，$Y$=56H，求 $F=X \wedge Y$。

$$X=1 0 0 0 1 1 1 1 B$$
$$\wedge \quad Y=0 1 0 1 0 1 1 0 B$$
$$F=0 0 0 0 0 1 1 0 B$$

所以，$F = X \wedge Y = 8FH \wedge 56H = 06H$。

### 2. "或"运算

若决定一件事可以有两个以上的条件，且只要有一个条件满足时该事就可行，那么结果与各条件的关系称为"或"。

逻辑"或"又称逻辑"加"，一般用符号"∨"或"+"表示。

"或"（OR）运算的规则如下：

$$0 \vee 0=0 \quad 0 \vee 1=1 \quad 1 \vee 0=1 \quad 1 \vee 1=1$$

式中，"∨"是"或"运算符号，也可用"+"代替，而逻辑运算是按位运算，因此使用"+"

符号时应特别注意 1+1=1（"+"为或运算）和 1+1=10（"+"为加法运算）的区别。

设 $x$ 和 $y$ 为逻辑变量，$f$ 表示逻辑运算结果，则逻辑"或"的运算表示为

$$f=x \lor y \text{ 或 } f=x+y$$

逻辑"或"的功能：当逻辑变量 $x$ 或 $y$ 中至少有一个为 1 时，运算结果 $f$ 为 1，即只要有一个条件为"真"或两个都为"真"，结果就为"真"。仅当两个逻辑变量均为 0 时，运算结果才为 0。

【例 2.12】设 $X$=87H，$Y$=56H，求 $F=X \lor Y$。

$$X=1\ 0\ 0\ 0\ 0\ 1\ 1\ 1\text{B}$$
$$\lor\ Y=0\ 1\ 0\ 1\ 0\ 1\ 1\ 0\text{B}$$
$$F=1\ 1\ 0\ 1\ 0\ 1\ 1\ 1\text{B}$$

所以，$F = X \lor Y = 87\text{H} \lor 56\text{H} = \text{D7H}$。

3. "非"运算

若条件与结果相反，当条件满足时结果不成立，条件不满足时结果成立，那么结果与条件之间的关系称为"非"。

"非"（NOT）运算的规则如下：

$$\bar{0}=1 \qquad \bar{1}=0$$

式中，"–"是"非"运算符号。

设 $x$ 和 $y$ 为逻辑变量，$f$ 表示逻辑运算结果，则逻辑"非"的运算表示为：

$$f=\bar{x} \qquad f=\bar{y}$$

逻辑"非"的功能：当逻辑变量为 1 时，其运算结果为 0；而当逻辑变量为 0 时，其运算结果为 1。

【例 2.13】设 $X$=0FH，求 $F=\bar{X}$

$$X=0\ 0\ 0\ 0\ 1\ 1\ 1\ 1\text{B}$$
$$F=\bar{X}=1\ 1\ 1\ 1\ 0\ 0\ 0\ 0\text{B}$$

所以，$\bar{X}$ = F0H。

4. "异或"运算

如果决定一件事有两个条件，当只有一个条件满足时就可行，两个条件都满足或两个条件都不满足时不可行，那么结果与各条件的关系称为"异或"。

"异或"（Exclusive OR，EOR）运算的规则如下：

$$0 \oplus 0 = 0 \qquad 1 \oplus 0 = 1 \qquad 0 \oplus 1 = 1 \qquad 1 \oplus 1 = 0$$

式中，"$\oplus$"是"异或"运算符号。

设 $x$ 和 $y$ 为逻辑变量，$f$ 表示逻辑运算结果，则逻辑"异或"的运算表示为：

$$f=x \oplus y$$

逻辑"异或"的功能：两个逻辑变量 $x$ 和 $y$ 的取值相同，运算结果则为 0；$x$ 与 $y$ 的取值不同（一个为 1，另一个为 0）时，运算结果为 1。这个功能可简记为"相同为 0，不同为 1"。

【例 2.14】设 $X$=0FH，$Y$=55H，求 $F=X \oplus Y$。

$$X=0\ 0\ 0\ 0\ 1\ 1\ 1\ 1\text{B}$$
$$\oplus\ Y=0\ 1\ 0\ 1\ 0\ 1\ 0\ 1\text{B}$$
$$F=0\ 1\ 0\ 1\ 1\ 0\ 1\ 0\text{B}$$

所以，$F = X \oplus Y = 0\text{FH} \oplus 55\text{H} = 5\text{AH}$。

## 2.3 计算机中的编码

所谓编码（Code），就是用按一定规则组合而成的若干位二进制代码来表示数值数据，它是计算机中所采用的按"形"表示数的一种方法。计算机中常用的编码有十进制编码、可靠性编码。不同的编码，其编码规则不同，具有不同的特性及应用场合。

### 1. 十进制编码

十进制编码是指用若干位二进制代码来表示一位十进制数，也称 BCD（Binary Coded Decimal）码。BCD 码可分为多种，其中最常用的是 8421 码，它用 4 位权为 8421 的二进制数来表示等值的一位十进制数，其编码规则如表 2-2 所示。

表 2-2　8421 码及其奇校验码

| 十进制数 | 8421 码 | 8421 奇校验码 | 十进制数 | 8421 吗 | 8421 奇校验码 |
| --- | --- | --- | --- | --- | --- |
| 0 | 0000 | 00001 | 5 | 0101 | 01011 |
| 1 | 0001 | 00010 | 6 | 0110 | 01101 |
| 2 | 0010 | 00100 | 7 | 0111 | 01110 |
| 3 | 0011 | 00111 | 8 | 1000 | 10000 |
| 4 | 0100 | 01000 | 9 | 1001 | 10011 |

按表中给定的规则，很容易实现十进制数与 8421 码之间的转换。

【例 2.15】

$$(651)_{10} = (011001010001)_{8421}$$

【例 2.16】

$$(1101.01)_2 = (13.25)_{10} = (00010011.00100101)_{8421}$$

### 2. 可靠性编码

在计算机中进行数据传输或存取时，免不了要出错。为了能及时发现错误，并及时检测与校正错误，采用了可靠性编码。常用的可靠性编码有格雷码（Gray Code）、奇偶校验码（Odd-even Check Code）、海明码（Hamming Code）和循环冗余码（CRC）等。

在格雷码中，任意两个相邻代码只有一位二进制数不同，因而当数据顺序改变时不会发生"粗大"误差，从而提高了可靠性。海明码和循环冗余码则是一种既能检测出错位又能校正出错位的可靠性代码。奇偶校验码是一种广泛采用的可靠性编码，它由若干信息位加一个校验位所组成，其中校验位的取值（0 或 1）将使整个代码中 1 的个数为奇数或偶数。若 1 的个数为奇数，则称奇校验码；否则，称偶校验码。表 2-2 中给出了以 8421 码为信息位所构成的奇校验码。

奇校验码具有检测一位错的能力。例如，若约定计算机中的二进制代码都是以奇校验码存入存储器，那么当从存储器取出时，若检测到某一二进制代码中 1 的个数不是奇数，则表明该代码在存取过程中出现了错误，但不知是哪一位错，故无自动校正能力。若代码在存取过程中发生了两位错，则用奇偶校验码就检测不出来。

### 2.3.1　字符数据

计算机中采用的字符主要有西文、中文及控制符号，它们都以二进制编码方式存入计算机并得以处理，这种以字母和符号进行编码的二进制代码称为字符代码（Character Code）。

### 1. 西文字符

在计算机中常用的西文字符编码有 ASCII 码（美国标准信息交换代码）和 EBCDIC 码（扩展的 BCD 交换代码）。ASCII 码字符集如表 2-3 所示。

**表 2-3　给出了 ASCII 码字符集**

| 高3位<br>低4位 | 000 | 001 | 010 | 011 | 100 | 101 | 110 | 111 |
|---|---|---|---|---|---|---|---|---|
| 0000 | 空字符 | 链路转义 | 空格 | 0 | @ | P | ` | p |
| 0001 | 标题开始 | 设备控制 1 | ! | 1 | A | Q | a | q |
| 0010 | 正文开始 | 设备控制 2 | " | 2 | B | R | b | r |
| 0011 | 正文结束 | 设备控制 3 | # | 3 | C | S | c | s |
| 0100 | 传输结束 | 设备控制 4 | $ | 4 | D | T | d | t |
| 0101 | 请求 | 拒绝接收 | % | 5 | E | U | e | u |
| 0110 | 收到通知 | 同步空闲 | & | 6 | F | V | f | v |
| 0111 | 响铃 | 结束传输块 | ' | 7 | G | W | g | w |
| 1000 | 退格 | 取消 | ( | 8 | H | X | h | x |
| 1001 | 水平制表符 | 媒介结束 | ) | 9 | I | Y | i | y |
| 1010 | 换行符 | 替换 | * | : | J | Z | j | z |
| 1011 | 垂直制表符 | ESC | + | ; | K | [ | k | { |
| 1100 | 换页键 | 文件分隔符 | , | < | L | \ | l | \| |
| 1101 | 回车键 | 分组符 | – | = | M | ] | m | } |
| 1110 | Shift out | 记录分隔符 | 。 | > | N | ^ | n | ~ |
| 1111 | Shift in | 单元分隔符 | / | ? | O | 下画线 | o | Delete |

由表中可以写出 SIN(3.14/N) 的 ASCII 码如下：

| 1010011 | 1001001 | 1001110 | 0101000 | 0110011 | 0101110 |
|---|---|---|---|---|---|
| S | I | N | ( | 3 | . |

| 0110001 | 0110100 | 0101111 | 1001110 | 0101001 |
|---|---|---|---|---|
| 1 | 4 | / | N | ) |

为书写方便，常把 ASCII 码的 7 位二进制代码写成两位十六进制数，例如 A 的 ASCII 码是 41H，a 的 ASCII 码是 61H，0 的 ASCII 码是 30H。

### 2. 中文字符

汉字编码（Chinese Character Encoding）是为汉字设计的一种便于输入计算机的代码。汉字信息处理系统一般包括编码、输入、存储、编辑、输出和传输。为了解决汉字的输入、处理及输出问题，出现了各种汉字编码方案。计算机中汉字的表示也是用二进制编码，同样是人为编码的。

根据应用目的的不同，汉字编码分为外码、交换码、机内码、字形码和地址码。

（1）外码（输入码）

外码是用来将汉字输入到计算机中的一组键盘符号。它与汉字的输入方式有关，常用的输入码有拼音码、五笔字型码、自然码、表形码、认知码、区位码和电报码等。每种输入码各有特点，如汉语拼音码是以字音为输入依据，使用方便，平均输入一个字需要击 3~4 个键，但重码较多。五笔字型码是以字形为输入依据，将汉字分为 5 种字根，用专用键帽指示，易学易用，熟练后输入汉字的速度较快。一种好的编码应有编码规则简单、易学好记、操作方便、重码率低、输入速度快等优点，每个人可根据自己的需要进行选择。

（2）交换码（国标码）

计算机内部处理的信息，都是用二进制代码表示的，汉字也不例外。而二进制代码使用起来是不方便的，于是需要采用信息交换码，将输入的汉字转换为机内代码，以实现汉字在计算机内的存储与处理。中国标准总局 1981 年制定了中华人民共和国国家标准 GB2312—1980《信息交换用汉字编码字符集—基本集》，即国标码。

区位码是国标码的另一种表现形式，把国标 GB2312—1980 中的汉字、图形符号组成一个 94×94 的方阵，分为 94 个"区"，每区包含 94 个"位"，其中"区"的序号为 1~94，"位"的序号也是从 1~94，"区位码"由此得名。94 个区中位置总数 =94×94=8 836 个，其中 7 445 个汉字和图形字符中的每一个占一个位置后，还剩下 1 391 个空位，这 1391 个位置空下来保留备用。

区位码中的每个汉字用其所在的"区、位"号进行编码，并用两字节（1 字节有 8 个二进制位）分别表示区号和位号，每字节的最高位置"1"作为汉字标记。例如，汉字"啊"的区位码为 3021H，用两个最高位置"1"的字节表示该码时，所得机内码实际为 B0A1H，如下所示：

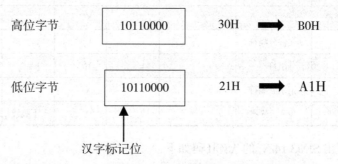

汉字标记位

编码方案繁多，需要有一个统一的标准。GB2312—1980 标准共分两级，一级 3 755 个字，二级 3 008 个字，共 6 763 个字。这种汉字标准交换码是计算机的内部码，可以为各种输入 / 输出设备的设计提供统一的标准，使各种系统之间的信息交换有一致性。常用的字符集有：

① GB2312—1980 字符集，收入汉字 6 763 个，符号 715 个，总计 7 478 个字符。这是普遍使用的简体字字符集，楷体 –GB2312、仿宋 –GB2312、华文行楷等市面上绝大多数字体支持显示这个字符集，也是大多数输入法所采用的字符集。

② Big–5 字符集，是繁体字的字符集，收入 13 060 个繁体汉字、808 个符号，总计 13 868 个字符。

③ GBK 字符集，中文名国家标准扩展字符集，兼容 GB2312—1980 标准，包含 Big–5 的繁体字，但是不兼容 Big–5 字符集编码，收入 21 003 个汉字，882 个符号，共计 21 885 个字符。宋体、隶书、黑体、幼圆、华文中宋、华文细黑、华文楷体、标楷体（DFKai–SB）、Arial Unicode MS、MingLiU、PMingLiU 等字体支持显示这个字符集。微软拼音输入法、全拼、紫光拼音等输入法，

都能够录入等 GBK 简繁体汉字。

④ GB18030—2000 字符集，包含 GBK 字符集和 CJK Ext-A 全部 6 582 个汉字，共计 27 533 个汉字。宋体 –18030、方正楷体（FZKai-Z03）、书同文楷体（MS Song）宋体（ht_cjk+）、华康标准宋体（DFSongStd）、CERG Chinese Font、韩国 New Gulim，以及微软 Windows 操作系统提供的宋、黑、楷、仿宋等字体亦支持这个字符集的显示。

⑤ 方正超大字符集，包含 GB18030-2000 字符集、CJK Ext-B 中的 36 862 个汉字，共计 64 395 个汉字。宋体 – 方正超大字符集支持这个字符集的显示。

⑥ GB18030—2005 字符集，在 GB13030—2000 的基础上，增加了 CJK Ext-B 的 36 862 个汉字，以及其他的一些汉字，共计 70 244 个汉字。

⑦ ISO/IEC 10646 / Unicode 字符集，这是全球可以共享的编码字符集，两者相互兼容，涵盖了世界上主要语文的字符，其中包括简繁体汉字：CJK 统一汉字编码 20 992 个、CJK Ext-A 编码 65 82 个、CJK Ext-B 编码 36 862 个、CJK Ext-C 编码 4 160 个、CJK Ext-D 编码 222 个，共计 74 686 个汉字。SimSun-ExtB（宋体）、MingLiU-ExtB（细明体）能显示全部 Ext-B 汉字。

⑧ 汉字构形数据库 2.3 版，内含楷书字形 60 082 个、小篆 11 100 个、楚系简帛文字 2 627 个、金文 3 459 个、甲骨文 177 个、异体字 12 768 组。可以安装该程序，亦可以解压后使用其中的字体文件，对于整理某些古代文献十分有用。

如果超出了输入法所支持的字符集，就不能录入计算机。有些人利用私人造字区 PUA 的编码，造了一些字体，如果没有相应字体的支持，则显示为黑框、方框或空白。如果操作系统或应用软件不支持该字符集，则显示为问号（一个或两个）。在网页上亦存在同样的情况。

（3）机内码

根据国标码的规定，每一个汉字都有了确定的二进制代码，在微机内部汉字代码都用机内码，在磁盘上记录汉字代码也使用机内码。

（4）字形码

汉字在显示和打印时都是以点阵方式输出，常用 16×16 点阵表示一个汉字。为此，在计算机内（或 CRT 显示器、打印机内）需要建立汉字库，该库内以图形方式存储了国标所规定的两级汉字。当需要输出汉字时，计算机便根据汉字的机内码从汉字库中取出相应的汉字点阵图形（汉字字形码），显示在 CRT 上或从打印机上打印出来。汉字库除采用 16×16 点阵外，还有压缩型的 8×16 或 16×8 点阵，以及扩展型的 32×32、48×48 和 128×128 点阵，可输出几十种字体的大小汉字。

（5）地址码

汉字地址码是指汉字库中存储汉字字形信息的逻辑地址码。它与汉字内码有着简单的对应关系，以简化内码到地址码的转换。

## 2.3.2　音频数据

声音是一种连续的随时间变化的波，即声波。用连续波形表示的声音的信息称为模拟信息，或模拟信号。模拟信号主要由振幅和频率来描述，振幅大小反映声音的音量大小，频率的大小反映声音的音调高低。

数字化的声音数据就是音频数据。

计算机不能表示模拟信号，只能表示数字信号（0 和 1）。因此，声音在计算机内表示时需要把声波数字化，又称量化。量化的过程实际上就是以一定的频率（固定的时间间隔）对来自传声器（俗称麦克风）等设备的连续的模拟声音信号进行模数转换（ADC）得到音频数据的过程；数字化声音的播放就是将音频数据进行数模转换（DAC）变成模拟声音信号输出。量化的质量与采样频率（Sampling Rate）、采样大小（Sampling Size）及声道数有关。

采样频率即单位时间内的采样次数，采样频率越大，采样点之间的间隔越小，数字化得到的声音就越逼真，但相应的数据量增大，处理起来就越困难；采样大小即记录每次样本值大小的数值的位数，它决定采样的动态变化范围，位数越多，所能记录声音的变化程度就越细腻，所得的数据量也越大。常见的 CD，采样率为 44.1kHz。

采样点精度是指存放每一个采样点振幅值的二进制位数。声道数是指声音通道的个数。单声道只记录和产生一个波形，而双声道产生两个波形，即立体声。可见，存储一秒声音信息所需存储容量的字节数为

$$采样频率 \times 采样精度（位数）\times 声道数 /8$$

在计算机中，存储声音的文件方式很多，常用的声音文件扩展名为 .wav、.au、.voc 和 .mp3 等。当记录和播放声音文件时，需要使用音频软件，如 Windows Media 等。

### 2.3.3 图像和图形数据

在计算机中，图像和图形是两个完全不同的概念。图像是由扫描仪、数字照相机、摄像机等输入设备捕捉的实际场景或以数字化形式存储的任意画面，即图像是由真实的场景或现实存在的图片输入计算机产生的，图像以位图形式存储。而图形一般是指通过计算机绘制工具绘制的由直线、圆、圆弧、任意曲线等组成的画面，即图形是由计算机产生的，且以矢量形式存储。

#### 1. 颜色表示法

颜色是人们对到达视网膜的各种频率的光的感觉。视网膜有 3 种颜色感光视锥细胞，负责接收不同频率的光。这些感光器分类分别对应于红、绿和蓝 3 种颜色。人眼可以觉察的其他颜色都能由这 3 种颜色混合而成。

在计算机中，颜色通常用 RGB（Red-Green-Blue）值表示，这其实是 3 个数字，说明了每种原色的相对份额。RGB 值是 3 个数字，每个数字用 0~255 的数字表示一种元素的份额，0 表示这种颜色没有参与，255 表示它完全参与其中。例如，RGB 值（255，255，0）最大化了红色和绿色的份额，最小化了蓝色的份额，结果生成的是嫩黄色。表 2-4 所示为不同的 RGB 取值对应的颜色。

表 2-4　不同的 RGB 取值对应的颜色

| RGB 值 | | | 表示颜色 |
|---|---|---|---|
| 红　色 | 绿　色 | 蓝　色 | |
| 0 | 0 | 0 | 黑色 |
| 255 | 255 | 255 | 白色 |
| 255 | 255 | 0 | 黄色 |
| 255 | 130 | 255 | 粉色 |
| 146 | 81 | 0 | 棕色 |
| 157 | 95 | 82 | 紫色 |
| 140 | 0 | 0 | 栗色 |

### 2. 数字化图像和图形

（1）位图图像

位图图像（Bitmap）亦称为点阵图像或栅格图像，是由称作像素（Pixels，图片元素）的单个点组成的。这些点可以进行不同的排列和染色以构成图样。当放大位图时，可以看见赖以构成整个图像的无数单个方块。扩大位图尺寸的效果是增大单个像素，从而使线条和形状显得参差不齐。然而，如果从稍远的位置观看它，位图图像的颜色和形状又显得是连续的。用数字照相机拍摄的照片、扫描仪扫描的图片以及计算机截屏图等都属于位图。位图的特点是可以表现色彩的变化和颜色的细微过渡，产生逼真的效果，缺点是在保存时需要记录每一个像素的位置和颜色值，占用较大的存储空间。

一幅图像可认为是由若干行和若干列的像素组成的阵列，每个像素点用若干二进制位进行编码，表示图像的颜色，这就是图像的数字化。描述图像的主要属性是图像分辨率和颜色深度。图像分辨率是指图像的水平方向和垂直方向的像素个数。颜色深度是指每一个像素点表示颜色的二进制位数。例如，单色图像的颜色深度为 1，而 256 色图像的颜色深度为 8，真彩色图像的颜色深度为 24。存储一幅图像所需的存储容量的字节数为：

$$图像分辨率 \times 颜色深度 /8$$

位图图像文件的扩展名为 .bmp、.pcx、.tif、.jpg 和 .gif。因为位图文件用一系列的二进制位来表示像素，因此可以用位图处理软件 Photoshop（同时也包含矢量功能）、Painter 和 Windows 系统自带的画图工具等来修改或编辑单个像素。

（2）矢量图形

矢量图形由一串可重构图形的指令构成。在创建矢量图片时，可以用不同的颜色来画线和图形，然后计算机用这一串线条和图形转换为能重构图形的指令。计算机只存储这些指令，而不是真正的图形，所以矢量图形看起来没有位图图像真实。

矢量图形文件的扩展名为 .wmf、.dxf、.mgx 和 .cgm。常用的矢量图形软件包有 Micrographx Designer 和 CorelDRAW。

矢量图形与位图图像相比，具有以下优点：矢量图形占用的存储空间小。矢量图形的存储依赖于图形的复杂性，图形中的线条、图形、填充模式越多，所需要的存储空间越大。使用矢量图形软件，可以方便地修改图形，可以把矢量图形的一部分当作一个独立的对象，单独地加以拉伸、缩小、移动和删除。

## 2.3.4 视频数据

视频数据是指连续的图像序列，是由一组组连续的图像构成的。而对于图像本身而言，除了其出现的先后顺序之外，没有任何结构信息。

视频数据可用故事单元、场景、镜头、帧来描述。

### 1. 帧

帧（Frame）是组成视频的最小视觉单位，是一幅静态的图像。将时间上连续的帧序列合成到一起便形成动态视频。对于帧的描述可以采用图像的描述方法，因此，对帧的检索可以采用类似图像的检索方法来进行。

### 2. 镜头

镜头（Shot）是由一系列帧组成的，它描绘的是一个事件或一组摄像机的连续运动。在拍摄视频时，根据剧情的需要，一个镜头可以采用多种摄像机运动方式进行处理。由于摄像机操作而引起的镜头运动主要有摇镜头、推拉镜头、跟踪等几种形式。

### 3. 场景

场景（Scene）由一系列有相似性质的镜头组成，这些镜头针对的是同一环境下的同一批对象，但每个镜头的拍摄角度和拍摄方法不同。场景具有一定的语义，从叙事的观点来看，场景是在相同的地点拍摄的，因而具有相同的主题内容。

### 4. 故事单元

故事单元（Story Unit）也称视频幕（Act）是将多个场景进行组织，共同构成一个有意义的故事情节。如果把帧、镜头和场景分别对应文本信息中的字、词和句子，那么故事单元就好比文本信息中的段落。

计算机中的视频数据一般分为两类：

① 动画：其每一幅画面都是通过一些工具软件对图像素材进行编辑制作而成。它是用人工合成的方法对真实世界的一种模拟。

② 视频：对视频信号源（如电视机、摄像机等）经过采样和量化处理后保存下来的信息。视频影像是对真实世界的记录。

视频的数字化是指在一段时间内，以一定的速度对视频信号进行捕获，并加以采样后形成数字化数据的处理过程。各种制式的普通电视信号都是模拟信号，而计算机只能处理数字信号，因此必须将模拟信号的视频转化为数字信号的视频。视频是由一系列的帧组成，每帧是一幅静止的图像，可用位图文件形式表示。但视频每秒至少显示30帧，所以视频需要非常大的存储空间。

一幅全屏的、分辨率为640×480像素的256色图像有307 200个图像。因此，一秒视频需要的存储空间是9 216 000 B，大约9 MB。两小时的电影需要66 355 200 000 B，超过66 GB，所以视频数据需要一些特殊的编码技术来产生兆字节数量级的视频文件。

视频文件的扩展名为.avi、.mpg等。常用的视频文件软件包有Micrograhpx Designer和Corel-DRAW等。

## 小结

本章主要介绍了计算机中的数据表示，主要是从数值的表示、二进制数的运算和计算机中的编码三方面进行介绍。通过本章的学习，学生能够掌握计算机中的数据表示及数据的运算原理及方法，理解在计算机中的字符数据、音频数据、图像和图形数据以及视频数据的编码规则。可将本章所学到的数学及计算机科学中的基本概念、基本理论和基本方法进行分析和设计，综合应用于研究和解决计算机科学与技术领域复杂的工程问题。

## 习题二

### 一、选择题

1. 计算机中的数值、字符、声音、图像与图形数据等都是以_____代码表示。
　　A. 十进制　　　B. 八进制　　　C. 二进制　　　D. 十六进制
2. 任何一个数制都包含_____两个基本要素。
　　A. 基数和字符　B. 字符和位权　C. 基数和位权　D. 字符和数字

3. 二进制数的基数是_____。

    A. 2                 B. 8                 C.10                 D. 16

4. $(268.9)_8$ 中的 9 代表的值是_____。

    A. 9                 B. 0.9               C. 9 × 8            D. 9/8

5. 二进制数转换为十进制数使用的方法是_____。

    A. 除 2 取余法     B. 位权相加法     C. 乘 2 取整法     D. 每三位为一组

6. 二进制数乘法的结果可以由_____两种操作实现。

    A. 加法和乘法     B. 减法和移位     C. 减法和除法     D. 加法和移位

7. 二进制数除法的结果可以由_____两种操作实现。

    A. 加法和乘法     B. 减法和移位     C. 减法和除法     D. 加法和移位

8. 逻辑"与"运算是决定一件事需要两个以上的条件满足_____。

    A. 缺一不可     B. 一个即可     C. 两者不可     D. 都为 0

9. 二进制数逻辑"与"运算中 $1 \wedge 1$ 的值为_____。

    A. 10             B. 11            C. 0            D. 1

10. 二进制数逻辑"或"运算中 $1 \vee 0$ 的值为_____。

    A. 10             B. 11            C. 0            D. 1

11. 二进制数逻辑"异或"运算中 $56H \oplus 12H$ 的值为_____。

    A. 56           B. 44H          C. 12H         D. 68H

12. 汉字信息处理系统一般包括_____。

    A. 编码、输入、存储、编辑、输出和传输

    B. 编码、输入、计算、编辑、输出和传输

    C. 解码、输入、存储、编辑、输出和传输

    D. 解码、输入、计算、编辑、输出和传输

13. 量化的质量与_____有关。

    A. 采样频率、采样大小、采样点间隔     B. 采样频率、采样大小、声道数

    C. 采样频率、采样点间隔、样本值大小     D. 样本值大小、编码、声道数

14. 常用的声音文件扩展名为_____。

    A. .wav          B. .bmp         C. .avi         D. .tif

15. 位图图像是由称作_____的单个点组成。

    A. 采样点        B. 颜色深度       C. 像素        D. 重构图形

## 二、判断题

1. 十进制数的计数规则是逢九进一。                             (     )

2. 9FH 中的 F 表示十六进制数中的数值 16。                     (     )

3. 十进制转换为二进制数整数部分采用 除 2 取余法，将余数倒排。  (     )

4. 十进制转换为二进制数小数部分采用 乘 2 取整法，将余数倒排。  (     )

5. 二进制转换为八进制数是以小数点为基准整数部分从右向左每 3 位为一组。(     )

6. 二进制转换为八进制数是以小数点为基准小数部分从右向左每 3 位为一组。(     )

7. BCD 码是指用若干二进制代码来表示一位十进制数。 （　　）

8. BCD 码是用 3 位权为 421 的二进制数来表示等值的一位十进制数。 （　　）

9. 为书写方便，常把 ASCII 码的 7 位二进制代码写成两位八进制数。 （　　）

10. 采用信息交换码，将输入的汉字转换为机内代码，以实现汉字在计算机内的存储与处理。 （　　）

11. 量化过程实际上是对声音信号进行模数转换（ADC）的过程。 （　　）

12. 数字化声音的播放就是将音频数据进行模数转换（ADC）变成模拟声音信号输出。 （　　）

13. 可以把矢量图形的一部分当作一个独立的对象，单独地加以拉伸、缩小、移动和删除。 （　　）

14. 视频是由一系列的帧组成，每帧是一幅静止的图像，可用位图文件形式表示。 （　　）

15. 动画是对真实世界的记录。 （　　）

### 三、填空题

1. 将十进制数 78.69 转换为二进制数（保留 3 位小数）是_____。

2. 将二进制数 11011.101 转换为十进制数为_____。

3. 将二进制数 1101111010.1101 转换为八进制数是_____。

4. 将二进制数 1101111010.1101 转换为十六进制数是_____。

5. 模拟信号主要由_____和频率来描述。

6. 振幅大小反映声音的音量大小，频率的大小反映声音的_____。

### 四、简答题

1. 简述声音的模拟信号转换成数字信号的过程。

2. 分别简述图形和图像。

# 第3章

# 计算思维与常用算法

## 引言

随着计算机技术的发展，计算思维成为与理论思维、实验思维并列的 3 种科学思维之一。本章对计算思维的概念、应用领域、特点进行了介绍。为了能用计算思维和计算机求解实际问题，需要用到算法。本章详细介绍了程序设计过程中用到的常用算法，为后续学习程序设计奠定基础。

## 内容结构图

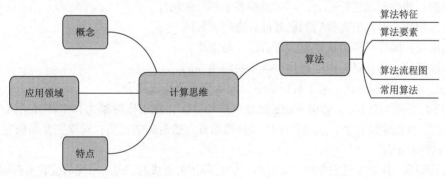

## 学习目标

- 了解计算思维的概念、应用领域和特点。
- 理解算法的特征、要素。
- 掌握本章介绍的常用算法，学会绘制算法流程图。
- 掌握运用计算思维解决实际问题的方法。

## 3.1 计算思维的概念

人类通过思考自身的计算方式，研究是否能由外部机器模拟、代替实现计算的过程，从而诞生了计算工具，并且在不断的科技进步和发展中发明了现代电子计算机。随着计算机的日益"强大"，它在很多应用领域中所表现出的智能也日益突出，对人类的学习、工作和生活产生了深远的影响，同时也大大增强了人类的思维能力和认识能力。早在 1972 年，图灵奖得主 Edsger Wgbe Dijkstra 就曾说："我们所使用的工具影响着我们的思维方式和思维习惯，从而也深刻地影响着我们的思维能力。"计算思维就是相关学者在审视计算机科学所蕴含的思想和方法时被挖掘出来的，成为与理论思维、实验思维并肩的 3 种科学思维之一。

2006 年 3 月，美国卡内基·梅隆大学计算机科学系主任周以真教授在美国计算机权威期刊杂志上定义了计算思维。她认为：计算思维是运用计算机科学的基础概念进行问题求解、系统设计以及人类行为理解等涵盖计算机科学之广度的一系列思维活动，是人的而不是计算机的思维方式。既然是一种思维方式，那么其应用的领域就不仅仅局限于计算机领域，也可以体现在程序设计、数学建模等操作中，在大气科学、植物科学与技术等专业中也被广泛应用。计算思维正在成为数字时代的一项基本技能，必要的计算思维已经成为更好地理解新技术、新服务和新商业模式的重要工具。

计算机思维就是一种问题解决的方式，这种思维将问题分解，并且利用所掌握的计算知识找出解决问题的办法。有了计算思维就会知道如何将一个抽象问题，变为让计算机可"理解"的计算模型，这个计算能够收敛并在有限的时空内得出结果。有了计算思维，就会了解如何把一个大的问题分解成一个个子问题，再把一个子问题分解成为子子问题，直到不需要再分解，这就是自顶向下和结构化设计的方法。有了结构化设计思想，就会简化问题，从而"分而治之，各个击破"。有了计算思维，就会明白正确性和可行性的关系和区别，就会明白解决问题的方案不仅要在理论上正确，而且要在实际中可行。

计算机思维可以划分为 4 个主要组成部分：

① 解构：即把问题进行拆分，同时理清各个部分的属性。

② 模式识别：即找出拆分后问题各部分之间的异同。

③ 抽象化：即探寻形成这些模式背后的一般规律。

④ 算法设计：即针对相似问题提供逐步的解决办法。

下面以 SARS 病毒为例，来了解计算思维的 4 个主要组成部分。

① 解构：科学家们为了解决 SARS 病毒带来的危害，把工作拆解为几个部分：流行病学预测疫情走向，控制疾病传播；病毒学主要是分离病毒，然后制造疫苗；医学主要是研究 SARS 病毒症状、诊断和治疗。

② 模式识别：开始疫情发生时，大家都不清楚是什么造成的。病人出现的症状有呼吸道症状、发热、咳嗽、气促和呼吸困难，甚至可导致肺炎、严重急性呼吸综合征、肾衰竭，甚至死亡。

③ 抽象化：随着研究的深入，科学家们对这种新型病毒进行了定义，即抽象化——SARS 病毒。

④ 算法设计：为了解决疫情，科学家们明确到具体步骤（算法），各有各的流程。以流行病学科学家举例，他们会搜集已知的信息和数据，通过计算机设计模型，预估每一个措施将给抗击疫情带来怎样的影响，并根据实际产生的数据进一步修正模型，让模型预估得更精确。这就是计算思维在科学上的重大作用。

日常生活中，人们也经常会应用到计算思维。假设现在需要为 4 人家庭做一餐晚饭，要求有汤、有素菜、有荤菜，应该怎么做？

① 解构：分析确定要做什么菜，要有肉、素、汤，列举要做什么菜。例如，做炖鸡汤、西红柿炒鸡蛋、爆炒羊肉、白灼菜心等几个菜，这些菜需要购买什么食材。

② 模式识别：明确几道菜的做法和规律，羊肉要爆炒，出锅很快；白灼菜心也是快手菜；炖鸡汤需要时间，小火慢炖；西红柿炒鸡蛋需要事先打好鸡蛋，时间适中。这些菜大多数都需要油、盐、葱等佐料。

③抽象化：为了避免菜凉，几道菜都要差不多时间出锅，所以需要将菜品制作按时间排序，抽象为排序问题。

④算法设计：最后列明制作菜品的一些细节，转化为清晰明确的流程并执行，切鸡肉、姜→炖鸡汤→切蒜、葱、羊肉腌制→打鸡蛋、切西红柿、洗菜心，等等。就这样，准备家庭晚餐的日常问题，就应用计算思维解决了。

## 3.2　计算思维的应用领域

计算思维架起了现实世界与抽象世界的桥梁，在社会的各个领域，计算思维都发挥着重要的作用。

**1. 生物学**

计算思维渗透到生物学中的应用研究，如从各种生物的 DNA 数据中挖掘 DNA 序列自身规律和 DNA 序列进化规律，可以帮助人们从分子层次上认识生命的本质及其进化规律。其中，DNA 序列实际上是一种用 4 种字母表达的"语言"。

**2. 脑科学**

脑科学是研究人脑结构与功能的综合性学科，它以揭示人脑高级意识功能为宗旨，与心理学、人工智能、认知科学和创造学等有着交叉渗透，是计算思维的重要体现。

**3. 化学**

计算思维已经深入化学研究的方方面面，绘制化学结构及反应式，分析相应的属性数据、系统命名及光谱数据等，无不需要计算思维支撑。计算思维在化学中的应用包括：化学中的数值计算、数据处理、图形显示、化学中的模式识别、化学数据库及检索、化学专家系统等。

**4. 经济学**

计算博弈论正在改变人们的思维方式。囚徒困境是博弈论专家设计的典型示例，囚徒困境博弈模型可以用来描述企业间的价格战等诸多经济现象。

**5. 艺术**

计算机艺术是科学与艺术相结合的一门新兴的交叉学科，包括绘画、音乐、舞蹈、影视、广告、书法模拟、服装设计、图案设计以及电子出版物等众多领域，均是计算思维的重要体现。

**6. 工程学**

包括电子、土木、机械、航空航天等的工程学，使用计算思维计算高阶项可以提高精度，进而降低重量、减少浪费并节省制造成本。例如，波音 777 飞机完全是采用计算机模拟测试的，不需要经过风洞测试。

## 3.3　计算思维的特点

计算思维是一种思维过程，可以脱离计算机、互联网、人工智能等技术独立存在。这种思维是人的思维而不是计算机的思维，是人用计算思维来控制计算设备，从而更高效、快速地完成单纯依靠人力无法完成的任务，解决计算时代之前无法想象的问题。

计算思维的特点包括：

### 1. 计算思维是概念化的抽象思维，而非程序思维

计算机科学不是计算机编程。像计算机科学家那样去思维意味着远不止能为计算机编程，还要求能够在抽象的多个层次上思维。

### 2. 计算思维是人的思维，而非机器的思维

计算思维是人类求解问题的一条途径，但决非要使人类像计算机那样思考。计算机枯燥且沉闷，人类聪颖且富有想象力，是人类赋予计算机激情。配置了计算设备，就能用自己的智慧去解决那些在计算时代之前不敢尝试的问题，实现"只有想不到，没有做不到"的境界。

### 3. 计算思维与数学和工程思维互补和融合

计算思维不是一门孤立的学问，也不是一门学科知识，它源于计算机科学，又和数学思维、工程思维有非常紧密的关系。说它和数学思维相关，是因为用计算思维解决问题时，需要将问题抽象为可计算的数学问题。在运用计算思维设计大型复杂系统时，需要考虑效率、可靠性、自动化等问题，这些都是工程思维中非常重要的东西。

### 4. 计算思维是思想，而非人造品

不只是生产的软件、硬件等人造品以物理形式呈现并时时刻刻触及人们的生活，更重要的是我们用以求解问题、管理日常生活、与他人交流和互动的计算概念。

### 5. 计算思维面向所有的人、所有的领域

计算思维是每个人在日常生活中都可以运用的一种思考方式，而且几乎可以用在任何地方。出行路线规划、理财投资选择、科学研究分析、天气预报预测，不论人们试图解决什么问题，运用计算思维都能化繁为简。

### 6. 计算思维是一种基本技能

如同"读、写、算"一样，计算思维是每个人的基本技能，不仅仅属于计算机科学家。

## 3.4 算法

为了能用计算思维和计算机求解实际问题，需要用到算法。算法（Algorithm）是对解题方案准确而完整的描述，是一系列解决问题的清晰指令，算法代表着用系统的方法描述解决问题的策略机制。也就是说，能够对一定规范的输入，在有限时间内获得所要求的输出。如果一个算法有缺陷，或不适合于某个问题，执行这个算法将不会解决这个问题。不同的算法可能用不同的时间、空间或效率来完成同样的任务。一个算法的优劣可以用空间复杂度与时间复杂度来衡量。

算法中的指令描述的是一个计算过程，当其运行时能从一个初始状态和（可能为空的）初始输入开始，经过一系列有限而清晰定义的状态，最终产生输出并停止于一个终态。一个状态到另一个状态的转移不一定是确定的。随机化算法在内的一些算法，包含了一些随机输入。

### 3.4.1 算法特征

一个算法应该具有以下 5 个重要的特征：

#### 1. 有穷性（Finiteness）

算法的有穷性是指算法必须能在执行有限个步骤之后终止。

#### 2. 确切性 (Definiteness)

算法的每一步骤必须有确切的定义。

### 3. 输入项 (Input)

一个算法有 0 个或多个输入，以刻画运算对象的初始情况。所谓 0 个输入是指算法本身定出了初始条件。

### 4. 输出项 (Output)

一个算法有一个或多个输出，以反映对输入数据加工后的结果。没有输出的算法是毫无意义的。

### 5. 可行性 (Effectiveness)

算法中执行的任何计算步骤都是可以被分解为基本的可执行的操作步骤，即每个计算步骤都可以在有限时间内完成（也称为有效性）。

## 3.4.2　算法要素

### 1. 数据对象的运算和操作

计算机可以执行的基本操作是以指令的形式描述的。一个计算机系统能执行的所有指令的集合，称为该计算机系统的指令系统。一台计算机的基本运算和操作有如下四类：

① 算术运算：加、减、乘、除等运算。

② 逻辑运算：与、或、非等运算。

③ 关系运算：大于、小于、等于、不等于等运算。

④ 数据传输：输入、输出、赋值等运算。

### 2. 算法的控制结构

一个算法的功能结构不仅取决于所选用的操作，而且还与各操作之间的执行顺序有关。

## 3.4.3　算法流程图

用图表示的算法就是流程图。流程图是用一些图框来表示各种类型的操作，在框内写出各个步骤，然后用带箭头的线把它们连接起来，以表示执行的先后顺序。用图形表示算法，直观形象，易于理解。

美国国家标准学会（ANSI）曾规定了一些常用的流程图符号，为世界各国程序工作者普遍采用。

处理框 □：表示一般的处理功能。

判断框 ◇：表示对一个给定的条件进行判断，根据给定的条件是否成立决定如何执行其后的操作。它有一个入口、两个出口。

输入输出框 ▱：表示数据的输入 / 输出。

起止框 ▢：表示流程开始或结束。

流程线 ➡：表示流程的路径和方向。

例如，已知变量 a=2，b=3，求 a+b 的流程图如图 3-1 所示。

传统的流程图用流程线指出各框的执行顺序，对流程线的使用没有严格限制。因此，使用者可以毫不受限制地使流程随意地转来转去，使流程图变得毫无规律，阅读者要花很大精力去追踪流程，使人难以理解算法的逻辑。

为了提高算法的质量，使算法的设计和阅读方便，必须限制箭头的滥用，即不允许无规律地使流程乱转向，只能按顺序进行。但是，算法上难免会包含一些分支和循环，而不可能全部由一个个框顺序组成。为了解决这个问题，1966 年，Bohra 和 Jacoplni 提出了以下 3 种基本结构，用这 3 种基本结构作为表示一个良好算法的基本单元。

① 顺序结构: 如图 3-2 所示，A 和 B 两个框是顺序执行的。顺序结构是最简单的一种基本结构。图 3-1 就是顺序结构的流程图。

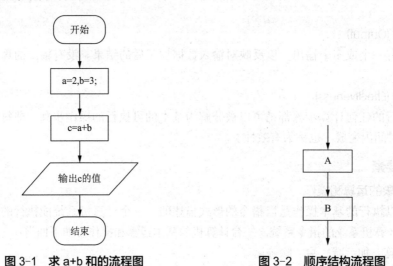

图 3-1　求 a+b 和的流程图　　　　　图 3-2　顺序结构流程图

② 选择结构: 如图 3-3 所示，根据判断框中给定的条件 P 是否成立而选择执行 A 和 B，条件 P 可以是 "x>0" 或 "x>y" 等。注意，无论 P 条件是否成立，只能执行 A 或 B 之一，不可能既执行 A 又执行 B。无论走哪一条路径，在执行完 A 或 B 之后都将脱离选择结构。A 或 B 两个框中可以有一个是空的，即不执行任何操作。

例如，输入变量 a、b 的值，输出其中较大或较小的值，流程图如图 3-4 所示。

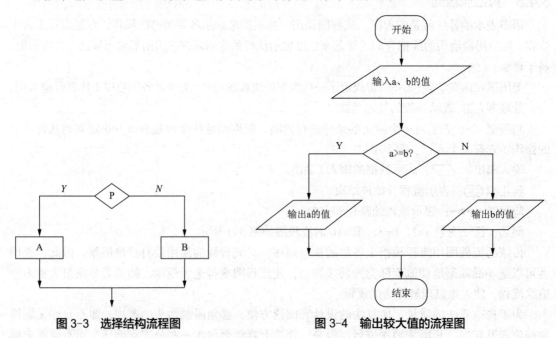

图 3-3　选择结构流程图　　　　　图 3-4　输出较大值的流程图

③ 循环结构: 又称重复结构，即反复执行某一部分的操作，如图 3-5 所示。

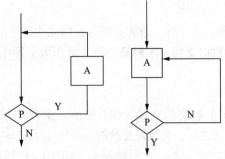

图 3-5　循环结构流程图

有两类循环结构：

• 当型（While）循环：当给定的条件 P 成立时，执行 A 框操作，然后再判断 P 条件是否成立。如果仍然成立，再执行 A 框，如此反复直到 P 条件不成立为止。此时不执行 A 框而脱离循环结构。

• 直到型（Until）循环：先执行 A 框，然后判断给定的 P 条件是否成立。如果 P 条件不成立，则再执行 A，然后再对 P 条件进行判断，如此反复，直到给定的 P 条件成立为止，此时脱离本循环结构。

两种循环结构的异同：两种循环结构都能处理需要重复执行的操作；当型循环是"先判断（条件是否成立），后执行（A 框）"，而直到型循环则是"先执行（A 框），后判断（条件）"；当型循环是当给定条件成立时执行 A 框，而直到型循环则是在给定条件不成立时执行 A 框。

同一个问题既可以用当型循环来处理，也可以用直到型循环来处理。对同一个问题，如果分别用当型循环结构和直到型循环结构来处理，则两者结构中的判断框内的判断条件恰为互逆条件。

例如，在屏幕上输出 10 次"hello"的当型循环流程图如图 3-6 所示，直到型循环流程图如图 3-7 所示。

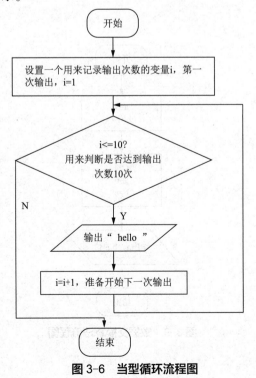

图 3-6　当型循环流程图

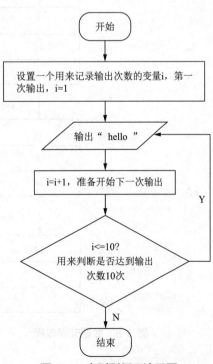

图 3-7　直到型循环流程图

### 3.4.4 常用算法

要使计算机能完成人们预定的工作，首先必须为如何完成预定的工作设计一个算法，然后再根据算法编写程序。当实现数据交换、求解最大值、最小值、排序等工作时，会用到下面这些算法。

#### 1. 数据交换

假设有两个变量 a=9,b=14，想交换变量 a 和 b 的值，使得 a=14,b=9，最直接的想法就是做 a=b,b=a 来实现交换。这样做完之后，会发现交换的结果是 a=14，b=14。为什么会这样呢？下面分析一下。首先做了 a=b，做完之后 a=14，之后做 b=a，这时的 a 已经是 14 了，所以 b=14。要想交换两个变量的值，可通过设置第三个变量帮助进行。就像两个水杯中都盛满了液体，A 杯中放的是红色液体，B 杯中放的是蓝色液体，需要一个空杯子 C，将 A 中的液体倒进 C 中，这样 A 杯空了，才能将 B 杯中的液体倒入 A 中，最后将 C 杯中的液体倒入 B 杯中。最后 A 杯中的液体是蓝色（来自 B 杯），B 杯中的液体是红色（来自 A 杯）。所以，需要引入变量 c，做 c=a，a=b，b=c。假设变量 a、b、c 存放在内存的 100、101、102 三个单元中，计算机中的交换过程如图 3-8 所示，算法流程图如图 3-9 所示。

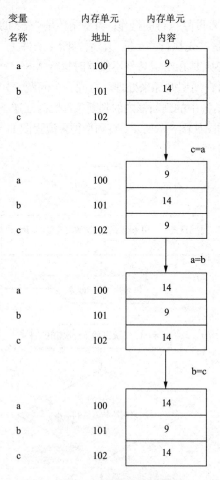

图 3-8　数据交换过程

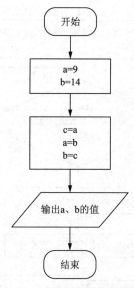

图 3-9　数据交换算法流程图

#### 2. 最大值、最小值

求两个数 a、b 的最大值，只要对这两个数进行比较即可，如果 a 大于 b，最大值就是 a，否则就是 b。求 3 个及以上数的最大值，通常采用的方法就是假设第一个数为最大值 max，其余数据和最大值进行比较，若大于 max，修改 max 值为较大的数。例如，a=1,b=8,c=4,d=9，求这 4 个数的最大值。首先设最大值 max=a，即 max=1，然后 b 和 max 比较，因为 b>max，所以 max=b，此时 max=8。之后 c 和 max 比较，因为 c<max，所以 max 值不变，最后 d 和 max 比较，因为 d>max，所以 max=d，即 max=9。求多个数最大值的算法流程图如图 3-10 所示。

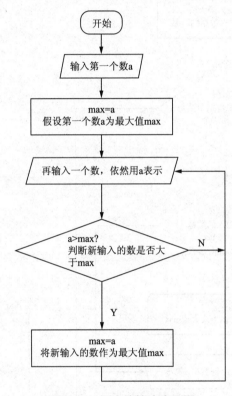

**图 3-10  最大值算法流程图**

从图 3-10 中可以发现，流程图没有结束框，计算机会等着用户不断输入数据，一直进行最大值计算，永远不会停止，这种现象在计算机中叫作"死循环"。为了避免"死循环"的出现，需要告诉计算机需要求多少个数据的最大值，利用循环来实现求多个数的最大值。例如，求 10 个数最大值的算法流程图如图 3-11 所示。

求最小值方法类似。

#### 3. 累加、累乘

首先定义一个变量 a=0 来保存结果，再定义一个变量 b 实现数值的变化。把数值变化的那个变量 b 的值每次和保存结果值的变量 a 进行运算，结果赋给 a。例如，1 到 10 的累加，就是先把 0 赋给 a，1 赋给 b，做 a=a+b，即 a=0+1，此时 a 的值变为 1。之后 b 变成 2，和 a 相加，a=a+b=1+2，此时 a 的值变为 3。之后 b 变成 3，再和 a 相加，如此反复就是累加。求 1 到 10 的累加和的算法流程图如图 3-12 所示。

累乘类似，只是 a 的值一开始应该为 1。

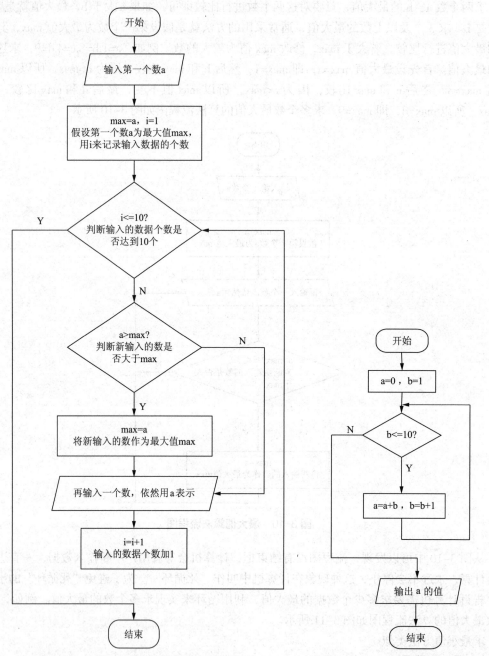

图 3-11　求 10 个数最大值算法流程图　　　　图 3-12　1 到 10 累加和算法流程图

### 4. 求数据每位上的值

有时需要获得数据每位上的值，例如 234，需要获得这个数百位上的值 2、十位上的值 3、个位上的值 4。获得数据每位上的值通常有两种算法：

（1）算法一：除减法

① 将数除以 100，由整型数据的特点，小数点后被忽略，取得百位 a。例如，234/100=2，求得百位 a=2。

② 该数减去 a * 100，除以 10，得到十位 b。例如，（234–2*100）/10=3，求得十位 b=3。

③ 该数减去 a * 100 和 b * 10 即得个位 c。例如 234–2*100–3*10=4，求得个位 c=4。

除减法流程图如图 3–13 所示。除减法适合数字位数比较小的，并且知道数据是几位的情况。如果数据位数比较大，需要减法操作的次数会很多，对于不知道数据位数是几位的情况，除减法就无法实现。

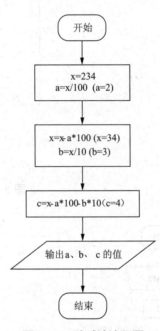

**图 3-13　除减法流程图**

（2）算法二：除余法

① 将数 x 除以 10 取余数得个位 a，将该数除以 10，用得到的商代替该数。例如，x=234，234%10=4，求得个位 a=2，之后做 234/10=23，用得到的商 23 代替 x，所以此时 x=23。

② 重复①得到十位 a。x=23，23%10=3，求得十位 a=3，之后做 23/10=2,用得到的商 2 代替 x，所以此时 x=2。

③ 继续重复①得到百位 a。x=2，2%10=2，求得百位 a=2，之后做 2/10=0,当商为 0 时算法结束。算法步骤如图 3–14 所示，算法流程图如图 3–15 所示。

**5. 求素数**

素数又称质数，是指除了 1 和它本身以外，不能被任何整数整除的数，例如 17 就是素数，因为它不能被 2 到 16 之间的任一整数整除。因此，判断一个整数 m 是否是素数，只需把 $m$ 用 2 到 $m-1$ 之间的每一个整数去除，如果都不能整除，那么 $m$ 就是一个素数。事实上，$m$ 不必被 2 到 $m-1$ 之间的每一个整数去除，只需被 2 到 $\sqrt{m}$ 之间的每一个整数去除即可。如果 $m$ 不能被 2 到 $\sqrt{m}$ 间任一整数整除，m 必定是素数。例如，判别 17 是否为素数，只需使 17 被 2 到 4（$\sqrt{17} \approx 4$）之间的每一个整数去除，由于都不能整除，可以判定 17 是素数。例如，16 能被 2、4、8 整除，

$16=2*8$，2 小于 4，8 大于 4，$16=4*4$，$4=\sqrt{16}$，因此只需判定在 2 到 4 之间有无因子即可。算法流程图如图 3-16 所示。

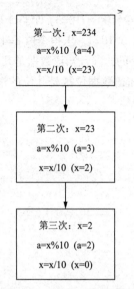

图 3-14 除余法实现过程

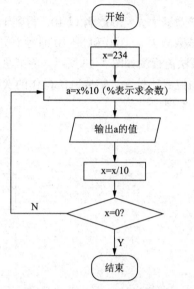

图 3-15 除余法算法流程图

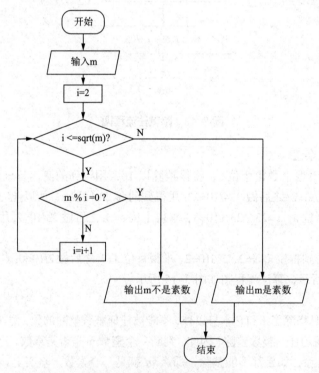

图 3-16 判断素数算法流程图

## 6. 排序（冒泡、选择）

（1）冒泡排序

冒泡排序算法是把较小的数据往前调或者把较大的数据往后调。这种方法主要是通过对相邻两个数据进行大小的比较，根据比较结果和算法规则对这 2 个数据的位置进行交换，这样逐个依次进行比较和交换，就能达到排序目的。冒泡排序的基本思想：首先将第 1 个和第 2 个数据比较大小，如果是逆序的，就将这两个数据进行交换，再对第 2 个和第 3 个数据进行比较，依此类推，重复进行上述计算，直至完成第 $(n-1)$ 个和第 $n$ 个数据之间的比较。此后，再按照上述过程进行第 2 次、第 3 次排序，直至整个序列有序为止。

例如，数据的原始序列为 5、2、4、1、8，将数据由小到大排序。

① 第一趟排序，将整个序列中的元素都位于待排序序列，依次扫描每对相邻的元素，并对顺序不正确的元素对交换位置。过程如下：

•5 和 2 比较 5>2，交换。

结果：2、5、4、1、8

•5 和 4 比较 5>4，交换。

结果：2、4、5、1、8

•5 和 1 比较 5>1，交换。

结果：2、4、1、5、8

•5 和 8 比较 5<8，不交换。

结果：2、4、1、5、8

经过第一趟冒泡排序，从待排序序列中找出了最大数 8，将其放到待排序序列的尾部，并入已排序序列中，结果如图 3-17 所示。

| 待排序序列 | 已排序序列 |
|---|---|
| 2、4、1、5 | 8 |

图 3-17　第一趟冒泡排序结果

② 第二趟排序，此时待排序序列只包含前 4 个元素，依次扫描每对相邻元素，对顺序不正确的元素对交换位置。过程如下：

•2 和 4 比较 2<4，不交换。

结果：2、4、1、5

•4 和 1 比较 4>1，交换。

结果：2、1、4、5

•4 和 5 比较 4<5，不交换。

结果：2、1、4、5

经过第二趟冒泡排序，从待排序序列中找出了最大数 5，将其放到待排序序列的尾部，并入已排序序列中，结果如图 3-18 所示。

| 待排序序列 | 已排序序列 |
|---|---|
| 2、4、1 | 5、8 |

图 3-18　第二趟冒泡排序结果

③ 第三趟排序，此时待排序序列只包含前 3 个元素，依次扫描每对相邻元素，对顺序不正确的元素对交换位置。过程如下：

• 2 和 4 比较 2<4，不交换。

结果：2、4、1

• 4 和 1 比较 4>1，交换。

结果：2、1、4

经过第三趟冒泡排序，从待排序序列中找出了最大数 4，将其放到待排序序列的尾部，并入已排序序列中，结果如图 3-19 所示。

| 待排序序列 | 已排序序列 |
|---|---|
| 2、1 | 4、5、8 |

图 3-19　第三趟冒泡排序结果

④ 第四趟排序，此时待排序序列只包含前 2 个元素，扫描这 2 个元素，对顺序不正确的元素对交换位置。过程如下：

2 和 1 比较 2>1，交换。

结果：1、2

经过第四趟冒泡排序，从待排序序列中找出了最大数 2，将其放到待排序序列的尾部，并入已排序序列中，整个冒泡排序结束，结果如图 3-20 所示。

| 待排序序列 | 已排序序列 |
|---|---|
| 1 | 2、4、5、8 |

图 3-20　第四趟冒泡排序结果

冒泡排序过程中，当相邻两个数据大小一致时不需要交换位置，因此冒泡排序是一种严格的稳定排序算法，它不改变序列中相同数据之间的相对位置关系。

（2）选择排序

选择排序算法的基本思路是为每一个位置选择当前最小的元素。选择排序首先从第一个位置开始对全部元素进行选择，选出全部元素中最小的放到第 1 个位置，再对第 2 个位置进行选择，在剩余元素中选择最小的放到第 2 个位置即可；依此类推，重复进行"最小元素"的选择，直至完成第 (n-1) 个位置的元素选择，则第 n 个位置就只剩唯一的最大元素，此时不需再进行选择。

例如，数据的原始序列为 2、5、4、8、1，将数据由小到大排序。

① 第一趟排序，将整个序列中的元素都位于无序序列，依次扫描无序序列中的元素，找出最小的元素 1 同无序序列第一个元素 2 交换，结果为 1、5、4、8、2，此时产生仅含一个元素的有序序列，无序序列数据减一，结果如图 3-21 所示。

| 有序序列 | 无序序列 |
|---|---|
| 1 | 5、4、8、2 |

图 3-21　第一趟选择排序结果

② 第二趟排序，依次扫描无序序列中的元素，找出最小的元素 2 同无序序列第一个元素 5 交换，结果为 2、4、8、5，此时产生包含 2 个元素的有序序列，无序序列数据减一，结果如图 3-22 所示。

| 有序序列 | 无序序列 |
|---|---|
| 1、2 | 4、8、5 |

图 3-22　第二趟选择排序结果

③ 第三趟排序，依次扫描无序序列中的元素，最小的元素 4 为无序序列第一个元素，无须交换，结果为 4、8、5，此时产生包含 3 个元素的有序序列，无序序列数据减一，结果如图 3-23 所示。

| 有序序列 | 无序序列 |
|---|---|
| 1、2、4 | 8、5 |

图 3-23　第三趟选择排序结果

④ 第四趟排序，依次扫描无序序列中的元素，找出最小的元素 5 同无序序列第一个元素 8 交换，结果为 5、8，此时产生包含 4 个元素的有序序列，无序序列数据减一，结果如图 3-24 所示。整个选择排序结束。

| 有序序列 | 无序序列 |
|---|---|
| 1、2、4、5 | 8 |

图 3-24　第四趟选择排序结果

使用选择排序时，要注意其中一个不同于冒泡排序的细节。例如，序列 5、8、5、3、9，第一遍选择第 1 个元素"5"会和元素"3"交换，那么原序列中的两个相同元素"5"之间的前后相对顺序就发生了改变。因此，选择排序是不稳定的排序算法，它在计算过程中会破坏稳定性。

## 3.5 程序

计算机程序（Computer Program）是一组指示计算机或其他具有信息处理能力装置每一步动作的指令，通常用某种程序设计语言编写，运行于某种目标体系结构上。

程序设计语言是用于书写计算机程序的语言。从发展历程来看，程序设计语言可以分为三代：

① 机器语言：由二进制 0、1 代码指令构成，不同的 CPU 具有不同的指令系统。机器语言程序难编写、难修改、难维护，需要用户直接对存储空间进行分配，编程效率极低。这种语言已经逐渐被淘汰。

② 汇编语言：汇编语言指令是机器指令的符号化，与机器指令存在着直接的对应关系，所以汇编语言同样存在着难学难用、容易出错、维护困难等缺点。但是，汇编语言也有自己的优点：可直接访问系统接口，汇编程序翻译成的机器语言程序的效率高。从软件工程角度来看，只有在高级语言不能满足设计要求，或不具备支持某种特定功能的技术性能（如特殊的输入输出）时，汇编语言才被使用。

③ 高级语言：高级语言是面向用户的、基本上独立于计算机种类和结构的语言。其最大的优点是：形式上接近于算术语言和自然语言，概念上接近于人们通常使用的概念。高级语言的一个命令可以代替几条、几十条甚至几百条汇编语言的指令。因此，高级语言易学易用，通用性强，应用广泛。高级语言种类繁多，目前常用的高级语言有 C 语言、C++ 语言、Java 语言、Python 语言等。

计算机程序开发是周而复始的，需要经历：编写新代码、测试、分析等过程。

## 小结

本章主要介绍了算法的概念、特征、常用的基本算法、算法流程图。通过本章的学习，学生能够理解计算机算法基础知识，掌握运用计算思维解决实际问题的方法；通过对实际问题关键因素的分析，将问题抽象转化为计算机可处理的算法，获得问题的解决方案，为编写程序奠定基础。

## 习题三

### 一、选择题

1. 计算机思维的 4 个主要组成部分中，_____ 是把问题进行拆分，同时理清各个部分的属性。

    A. 解构          B. 模式识别          C. 抽象化          D. 算法设计

2. 计算机思维的 4 个主要组成部分中，_____ 是探寻形成模式背后的一般规律。

    A. 解构          B. 模式识别          C. 抽象化          D. 算法设计

3. 算机思维的 4 个主要组成部分中，_____是找出拆分后问题各部分之间的异同。

    A. 解构　　　　　　B. 模式识别　　　　　C. 抽象化　　　　　D. 算法设计

4. 计算机思维的 4 个主要组成部分中，_____是针对相似问题提供逐步的解决办法。

    A. 解构　　　　　　B. 模式识别　　　　　C. 抽象化　　　　　D. 算法设计

5. 不属于算法特征的是_____。

    A. 有穷性　　　　　B. 不确切性　　　　　C. 输入项　　　　　D. 可行性

6. 当型循环是_____。

    A. 先判断，后执行　　　　　　　　　　B. 先执行，后判断

7. 第三代程序设计语言是_____。

    A. 机器语言　　　　B. 汇编语言　　　　　C. 高级语言

8. C 语言是_____。

    A. 机器语言　　　　B. 汇编语言　　　　　C. 高级语言

9. _____是由二进制 0、1 代码指令构成。

    A. 机器语言　　　　B. 汇编语言　　　　　C. 高级语言

10. _____指令是机器指令的符号化，与机器指令存在着直接的对应关系。

    A. 机器语言　　　　B. 汇编语言　　　　　C. 高级语言

## 二、填空题

1. _____是运用计算机科学的基础概念进行问题求解、系统设计，以及人类行为理解等涵盖计算机科学之广度的一系列思维活动。

2. 计算机思维可以划分为 4 个主要组成部分：解构、模式识别、模式归纳、_____。

3. _____是对解题方案的准确而完整的描述，是一系列解决问题的清晰指令，算法代表着用系统的方法描述解决问题的策略机制。

4. 算法的_____是指算法的每一步骤必须有确切的定义。

5. 图表示的算法就是_____。

6. 算法结构包括顺序结构、选择结构和_____。

7. 数据的原始序列为：29、18、45、77、56、5、17、69，使用冒泡排序将数据由小到大排序，第一趟排序后数字序列为_____。

8. 数据的原始序列为：29、18、45、77、56、5、17、69，使用选择排序将数据由小到大排序，第一趟排序后数字序列为_____。

9. _____是指除了 1 和它本身以外，不能被任何整数整除的数。

10. _____是用于书写计算机程序的语言。

## 三、简答题

1. 什么是计算思维？

2. 计算机思维有哪些特点？

3. 什么是算法？

4. 算法有哪些特征?

5. 给出求 3 个数最小值的算法流程图。

6. 给出求多个数最小值的算法流程图。

7. 给出累乘的算法流程图。

8. 给出除减法的算法流程图。

9. 给出除余法的算法流程图。

10. 给出判断素数的算法流程图。

# 第4章

# 计算机系统

## 引言

自 1946 年第一台电子计算机问世以来，计算机技术在元件器件、硬件系统结构、软件系统、应用等方面均有惊人的进步，现代计算机系统小到微型计算机和个人计算机，大到巨型计算机及其网络，形态、特性多种多样，已广泛用于科学计算、事务处理和过程控制，日益深入社会各个领域，对社会的进步产生深刻影响。

计算机系统由计算机硬件和软件两部分组成。硬件包括中央处理器、存储器和外围设备等；软件是计算机的运行程序和相应的文档。本章简要介绍了冯·诺依曼体系结构及其工作原理，详细介绍了计算机硬件系统的各个组成部分以及计算机软件系统中常见的系统软件和应用软件。

## 内容结构图

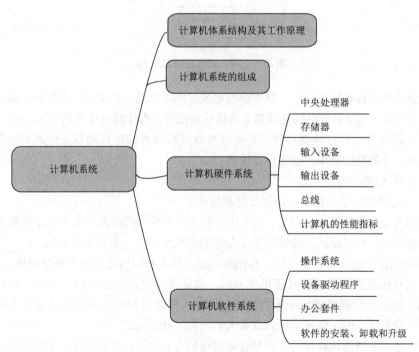

学习目标

- 理解冯·诺依曼体系结构及其工作原理。
- 了解计算机系统的组成。
- 掌握硬件系统中各组成部分的功能，了解常见的输入、输出设备及总线的分类。
- 了解常见的系统软件和应用软件，掌握软件的安装、卸载和升级方法。

## 4.1 计算机体系结构及其工作原理

电子计算机的问世，奠基人是英国科学家阿兰·麦席森·图灵（Alan Mathison Turing）和美籍匈牙利科学家冯·诺依曼（John von Neumann）。图灵的贡献是建立了图灵机的理论模型，奠定了人工智能的基础。而冯·诺依曼则首先提出了计算机体系结构的设想。

1946 年，美籍匈牙利科学家冯·诺依曼提出存储程序原理，把程序本身当作数据来对待，程序和该程序处理的数据用同样的方式存储，并确定了存储程序计算机的五大组成部分和基本工作方法。冯·诺依曼体系结构如图 4-1 所示。

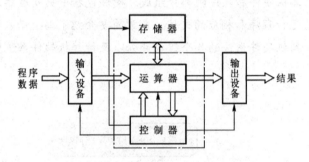

**图 4-1　冯·诺依曼体系结构**

一台计算机的硬件系统应由 5 个基本部分组成，即运算器、控制器、存储器、输入设备和输出设备。这五大部分通过系统总线完成指令所传达的操作，当计算机接受指令后，由控制器指挥，将数据从输入设备传送到存储器存放，再由控制器将需要参加运算的数据传送到运算器，由运算器进行处理，处理后的结果由输出设备输出。

冯·诺依曼结构的特点：

①计算机处理的数据和程序一律用二进制数表示。

②存储程序。计算机运行过程中，把要执行的程序和处理的数据首先存入主存储器（内存），计算机执行程序时，将自动地并按顺序从主存储器中取出指令一条一条地执行。

③计算机硬件由运算器、控制器、存储器、输入设备和输出设备五大部分组成。

冯·诺依曼体系结构是现代计算机的基础，奠定了现代计算机的结构理念，现在大多数计算机仍是冯·诺依曼计算机的组织结构，只是做了一些改进而已，并没有从根本上突破冯·诺依曼体系结构的束缚。冯·诺依曼也因此被人们称为"计算机之父"。

冯·诺依曼体系结构计算机的工作原理可以概括为 8 个字：存储程序、程序控制。

存储程序——将解题的步骤编成程序（通常由若干指令组成），并把程序存放在计算机的主存储器中。

　　程序控制——从计算机主存中读出指令并送到计算机的控制器，控制器根据当前指令的功能，控制全机执行指令规定的操作，完成指令的功能。重复这一操作，直到程序中指令执行完毕。

　　指令是指示计算机执行某种操作的命令，它由一串二进制数码组成。一条指令通常由两部分组成：操作码 + 地址码。操作码指明该指令要完成的操作的类型或性质，如取数、做加法或输出数据等。地址码指明操作对象的内容或所在的存储单元地址。程序是完成既定任务的一组指令序列，一个指令规定计算机执行一个基本操作，一个程序规定计算机完成一个完整的任务。

　　指令系统是指一台计算机所能执行的全部指令的集合。指令系统决定了一台计算机硬件的主要性能和基本功能。

　　按照冯·诺依曼存储程序的原理，计算机在执行程序时需要先将要执行的相关程序和数据放入内存储器中，在执行程序时 CPU 根据当前程序指针寄存器的内容取出指令并执行指令，然后再取出下一条指令并执行，如此循环下去直到程序结束指令时才停止执行。其工作过程就是不断地取指令和执行指令的过程，最后将计算的结果放入指令指定的存储器地址中。

## 4.2　计算机系统的组成

　　计算机系统由硬件系统和软件系统两部分组成。计算机硬件系统是借助电、磁、光、机械等原理构成的各种物理部件的有机组合，是系统赖以工作的实体。计算机软件系统是各种程序和文件，用于指挥全系统按指定的要求进行工作。计算机系统的组成如图 4-2 所示。

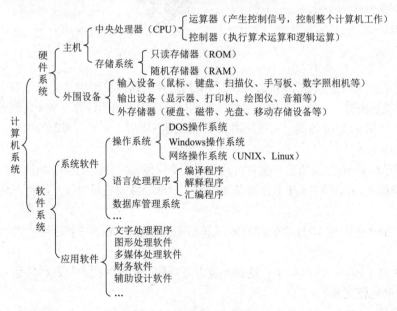

**图 4-2　计算机系统的组成**

## 4.3　计算机硬件系统

　　计算机硬件系统是指构成计算机的物理设备，即由机械、光、电、磁器件构成的具有计算、控制、存储、输入和输出功能的实体部件，如 CPU、存储器、硬盘驱动器、光盘驱动器、主板、各种卡及整机中的主机、显示器、打印机、绘图仪、调制解调器等，整机硬件也称"硬设备"。

　　硬件系统主要由中央处理器、存储器、输入/输出控制系统和各种外围设备组成。中央处理器是对信息进行高速运算处理的主要部件，其处理速度可达每秒几亿次以上操作。存储器用于存储程序、数据和文件，常由快速的内存储器和慢速海量外存储器组成。各种输入/输出外围设备是人机间的信息转换器，由输入/输出控制系统管理外围设备与主存储器之间的信息交换。

## 4.3.1　中央处理器

　　中央处理器（Central Processing Unit，CPU）由控制器、运算器和存储器组成，通常集成在一块芯片上，是计算机系统的核心设备。微型计算机的中央处理器又称为微处理器，如图 4-3 所示。

图 4-3　CPU

　　CPU 出现于大规模集成电路时代，处理器架构设计的迭代更新以及集成电路工艺的不断提升促使其不断发展完善。从最初专用于数学计算到广泛应用于通用计算，从 4 位到 8 位、16 位、32 位处理器，再到 64 位处理器，从各厂商互不兼容到不同指令集架构规范的出现，CPU 自诞生以来一直在飞速发展。

　　CPU 发展已经有 50 年的历史。通常将其分成 6 个阶段：

　　① 第一阶段（1971—1973 年）：这是 4 位和 8 位低档微处理器时代，代表产品是 Intel 4004 处理器。

　　1971 年，Intel 生产的 4004 微处理器将运算器和控制器集成在一个芯片上，标志着 CPU 的诞生。

　　② 第二阶段（1974—1977 年）：这是 8 位中高档微处理器时代，代表产品是 Intel 8080，此时指令系统已经比较完善。

　　③ 第三阶段（1978—1984 年）：这是 16 位微处理器的时代，代表产品是 Intel 8086，相对而言已经比较成熟。

　　④ 第四阶段（1985—1992 年）：这是 32 位微处理器时代，代表产品是 Intel 80386。已经可以胜任多任务、多用户的作业。1989 年发布的 80486 处理器实现了 5 级标量流水线，标志着 CPU 的初步成熟，也标志着传统处理器发展阶段的结束。

　　⑤ 第五阶段（1993—2005 年）：这是奔腾系列微处理器的时代。

　　1995 年 11 月，Intel 发布了 Pentium 处理器，该处理器首次采用超标量指令流水结构，引入了指令的乱序执行和分支预测技术，大大提高了处理器的性能，因此，超标量指令流水线结构一直被后续出现的现代处理器，如 AMD（Advanced Micro devices）的 K9、K10，Intel 的 Core 系列等所采用。

⑥ 第六阶段（2006 年至今）：酷睿系列微处理器的时代，这是一款领先节能的新型微架构，设计的出发点是提供卓然出众的性能和能效。

为了满足操作系统的上层工作需求，现代处理器进一步引入了诸如并行化、多核化、虚拟化以及远程管理系统等功能，不断推动着上层信息系统向前发展。

中央处理器主要包括两部分：运算器和控制器：

控制器是指挥计算机的各个部件按照指令的功能要求协调工作的部件，是计算机的神经中枢和指挥中心，对协调整个计算机有序工作极为重要。

运算器又称算术逻辑单元（Arithmetic Logic Unit，ALU），其主要任务是执行各种算术运算和逻辑运算。算术运算是指各种数值运算，如加、减、乘、除等。逻辑运算是进行逻辑判断的非数值运算，如与、或、非、比较、移位等。运算器的核心部件是加法器和若干个寄存器，加法器用于运算，寄存器用于存储参加运算的各种数据及运算后的结果。

影响 CPU 性能的指标主要有主频、字长和缓存：

主频也称时钟频率，单位是 MHz 或 GHz，用来表示 CPU 的运算速度，它决定了 CPU 的性能，因此要想使 CPU 的性能得到很好的提高，提高 CPU 的主频是一个很好的途径。

字长是指处理器在单位时间内能一次处理的二进制数的位数，能处理字长为 8 位数据的 CPU 通常称为 8 位 CPU。同理，32 位的 CPU 就能在单位时间内处理字长为 32 位的二进制数据。通常情况下，CPU 的字长越长，CPU 的运算速度就会越快。现在 CPU 的字长一般为 32 位或者 64 位。以前人们使用的计算机都是 32 位系统，近年来人们使用的计算机的处理器中 64 位所占的比例则更多，这是因为 64 位的计算机的运行速度变得更快，提高了人们的工作效率。

缓存（Cache）是指可以进行高速数据交换的存储器，它位于 CPU 与内存之间，是一个读 / 写速度比内存更快的存储器。当 CPU 向内存中写入或读出数据时，这个数据也会存储进高速缓冲存储器中。当 CPU 再次需要这些数据时，CPU 就从高速缓冲存储器读取数据，而不是访问较慢的内存。当然，如果需要的数据在缓存中没有，CPU 会再去读取内存中的数据。一般来讲，CPU 的缓存可以分为一级缓存、二级缓存和三级缓存，那些处理能力比较强的处理器则一般具有较大的三级缓存。

## 4.3.2　存储器

存储器是用来存储程序和各种数据信息的记忆部件，可分为主存储器和辅助存储器两大类。存储器的性能可以从以下两方面来衡量：

① 存储容量：指存储器所能容纳的二进制信息量的总和。存储容量的大小决定了计算机能存放信息的多少，对计算机执行程序的速度有较大的影响。

位 / 比特（bit）是内存中最小的单位，二进制数序列中的一个 0 或一个 1 就是一个比特，在计算机中，一个比特对应着一个晶体管。

字节（B）是计算机中最常用、最基本的存储单位。一字节等于 8 比特，即 1 B=8 bit。各存储单位关系如表 4-1 所示。

表4-1　存储单位关系表

| KB | $1\ KB=1\ 024\ B=2^{10}\ B$ |
|---|---|
| MB | $1\ MB=1\ 024\ KB=2^{20}\ B$ |
| GB | $1\ GB=1\ 024\ MB=2^{30}\ B$ |
| TB | $1\ TB=1\ 024\ GB=2^{40}\ B$ |
| PB | $1\ PB=1\ 024\ TB=2^{50}\ B$ |

② 存取周期：计算机从存储器读出数据或写入数据所需要的时间，表明了存储器存取速度的快慢。存取周期越短、速度越快，计算机的整体性能就越高。

### 1. 主存储器

主存储器简称主存或内存。主存直接与 CPU 连接，用于存放当前正在运行的程序和数据，访问速度快。主存的质量好坏与容量大小会影响计算机的运行速度。主存中存储信息的载体称为存储体，存储体被分为若干个单元。每个单元能够存放一串二进制码表示的信息，该信息的总位数称为一个存储单元的字长。指示每个单元的二进制编码称为地址码。存储单元的地址码只有一个，固定不变，而存储在其中的信息是可以更换的。图 4-4 所示为内存单元示意图。

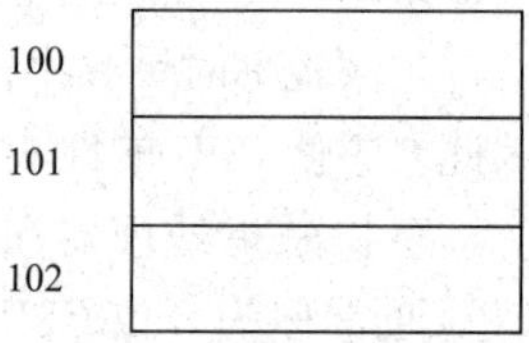

主存的工作方式是按存储单元的地址存放或读取各类信息，存放信息称为"写"，读取信息称为"读"，统称访问存储器。

图 4-4　内存单元示意图

常用的微型计算机的存储器有磁芯存储器和半导体存储器，目前微型计算机的主存都采用半导体存储器。半导体存储器从使用功能上分为两种：一种是随机存储器（Random Access Memory，RAM），又称读写存储器，另一种是只读存储器（Read Only Memory，ROM）。

RAM 可以读出，也可以写入。读出时并不损坏原来存储的内容，只有写入时才修改原来所存储的内容。断电后，存储内容立即消失，属于易失性存储器（Volatile Memory）。

ROM 是只读存储器。顾名思义，它的特点是只能读出原有的内容，不能由用户再写入新内容。ROM 存储的内容是厂家在生产计算机时一次性写入的，并永久保存下来。它一般用来存放专用的、固定的程序和数据，不会因断电而丢失。

在微型计算机中，还有一个用来保存计算机系统配置信息的 CMOS（Complementary Metal Oxide Semiconductor Memory，互补金属氧化物半导体）存储器。COMS 存储器是一种只需要极少电量就能存放数据的芯片。由于耗能极低，CMOS 存储器可以由集成到主板上的一个小电池供电，这种电池在计算机通电时还能自动充电。因为 CMOS 芯片可以持续获得电量，所以即使在关机后，也能保证存储的信息不丢失。

### 2. 高速缓冲存储器

在计算机技术发展过程中，主存储器存取速度一直比中央处理器操作速度慢得多，使中央处理器的高速处理能力不能充分发挥，整个计算机系统的工作效率受到影响。高速缓冲存储器（Cache）是指存取速度比一般 RAM 来得快的一种 RAM，存在于主存与 CPU 之间，容量比较小但速度比主存高得多，接近于 CPU 的速度。当 CPU 存取主存储器某一单元时，计算机硬件就自动地将包括该单元在内的那一组单元内容调入高速缓冲存储器。于是，CPU 就可以直接对高速缓冲存储器进行存取。在整个处理过程中，如果 CPU 绝大多数存取主存储器的操作能被高速缓冲存储器所代替，计算机系统处理速度就能显著提高。

### 3. 辅助存储器

辅助存储器（简称辅存或外存），通过主存与 CPU 间接连接，存放计算机暂时不需要使用的程序和数据。辅助存储器属于非易失性存储器（Non-Volatile Memory），即使电源供应中断，所存储的数据也不会消失。辅助存储器包括磁盘、磁带、光盘和 U 盘等，特点是容量大、价格低，但存取速度较低。硬盘是最常用的辅助存储器，如 Windows 操作系统、打字软件、游戏软件等，一般都安装在硬盘上，但必须把它们调入内存中运行，才能真正使用其功能。

（1）磁表面存储器

磁表面存储器是指利用磁记录技术存储数据的存储器，是计算机主要的存储介质，可以存储大量的二进制数据，并且断电后也能保持数据不丢失。早期计算机使用的磁表面存储器是软盘，如今常用的磁表面存储器是硬盘。

磁表面存储器是利用涂覆在载体表面的磁性材料具有两种不同的磁化状态来表示二进制信息的 "0" 和 "1"，利用一种称为磁头的装置来形成和判别磁层中的不同磁化状态。磁头实际上是由软磁材料做铁芯绕有读 / 写线圈的电磁铁，如图4–5 所示。

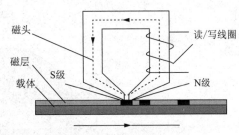

图 4-5　磁表面存储器

磁表面存储器的读 / 写过程如下：

① 写操作：当写线圈中通过一定方向的脉冲电流时，铁芯内就产生一定方向的磁通。写入信息时，在磁头的写线圈中通过一定方向的脉冲电流，磁头铁芯内产生一定方向的磁通，在磁头缝隙处产生很强的磁场形成一个闭合回路，磁头下的一个很小区域被磁化形成一个磁化元（即记录单元）。若在磁头的写线圈中通过相反方向的脉冲电流，该磁化元则向相反方向磁化，写入的就是 "0" 信息。待写入脉冲消失后，该磁化元将保持原来的磁化状态不变，达到写入并存储信息的目的。

② 读操作：当磁头经过载磁体的磁化元时，由于磁头铁芯是良好的导磁材料，磁化元的磁力线很容易通过磁头而形成闭合磁通回路。不同极性的磁化元在铁芯里的方向是不同的。读出信息时，磁头和磁层做相对运动，当某一磁化元运动到磁头下方时，磁头中的磁通发生大的变化，于是在读出线圈中产生感应电动势 $e$，其极性与磁通变化的极性相反，即当磁通 $\Phi$ 由小变大时，感应电动势 $e$ 为负极性；当磁通 $\Phi$ 由大变小时，感应电动势 $e$ 为正极性。不同方向的感应电动势经放大、检波和整形后便可鉴别读出的信息是 "0" 还是 "1"，从而完成读出功能。

③ 通过电磁变换，利用磁头写线圈中的脉冲电流，可把一位二进制代码转换成载磁体存储元的不同剩磁状态；反之，通过磁电变换，利用磁头读出线圈，可将由存储元的不同剩磁状态表示的二进制代码转换成电信号输出。这就是磁表面存储器存取信息的原理。

④ 磁层上的存储元被磁化后，可以供多次读出而不被破坏。当不需要这批信息时，可通过磁头把磁层上所记录的信息全部抹去，称为写 "0"。通常，写入和读出时合用一个磁头，故称为读 / 写磁头。每个读 / 写磁头对应着一个信息记录磁道。

硬盘是计算机系统中最主要的外存设备，盘片一般由铝合金制成，其表面涂有一层可被磁化的硬磁特性材料。硬磁盘主要包含磁头、磁道、柱面、扇区，如图 4-6 所示。其中，磁头是用于向磁盘读／写信息的工具，磁盘上的一圈圈的圆周称为磁道，每圈磁道上的扇形小区域称为扇区，扇区中又存在着很多存储单元用于存储比特信息。同时，可以看出，不同盘面上的每圈磁道所组成的柱形区域，这块区域叫作柱面，一面磁盘上的磁道数＝柱面数。其中的编号方式是，磁道是从外到内，从 0 开始编号，即最外面的一圈为第 0 磁道，扇区的编号方式为固定标记某块为 1 号，然后顺时针编号，磁头则是决定读／写面号的结构，从 0 开始顺序编号。硬盘外部结构如图 4-7 所示。

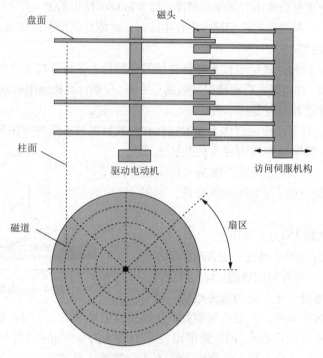

图 4-6　硬磁盘存储

图 4-7　硬盘外部结构

（2）光盘

光盘是近代发展起来的光学存储介质，用聚焦的氢离子激光束处理记录介质的方法存储和再生信息，如图 4-8 所示。

光盘分为不可擦写光盘（如 CD-ROM、DVD-ROM 等）和可擦写光盘（如 CD-RW、DVD-RAM 等）。

常见的光盘非常薄，只有 1.2 mm 厚，但却包含了很多内容。光盘主要分为五层，包括基板、记录层、反射层、保护层、印刷层等。

图 4-8　光盘

① 基板是各功能性结构（如沟槽等）的载体，其使用的材料是聚碳酸酯（PC），冲击韧性极好、使用温度范围大、尺寸稳定性好，具有耐候性和无毒性。一般来说，基板是无色透明的聚碳酸酯板，在整个光盘中，它不仅是沟槽等的载体，更是整个光盘的物理外壳。光盘的基板厚度为 1.2 mm、直径为 120 mm，中间有孔，呈圆形，它是光盘的外形体现。光盘之所以能够随意取放，主要取决于基板的硬度。

② 记录层是烧录时刻录信号的地方，其主要的工作原理是在基板上涂抹专用的有机染料，以供激光记录信息。

一次性记录的 CD-R 主要采用（酞菁）有机染料，当此光盘在进行烧录时，激光就会对基板上涂的有机染料进行烧录，直接烧录成一个接一个的"坑"，这样有"坑"和没有"坑"的状态就形成了"0"和"1"的信号，这一个接一个的"坑"是不能恢复的，也就是当烧成"坑"之后，将永久性地保持现状，这就意味着此光盘不能重复擦写。这一连串的"0""1"信息，就组成了二进制代码，从而表示特定的数据。

光盘上的信息是通过光盘上的细小坑点来进行存储的，并由这些不同时间长度的坑点与坑点之间的平面组成了一个由里向外的螺旋轨迹，当激光光束扫描这些坑点和坑点之间的平面组成的轨迹时，由于烧录前后的反射率不同，经由激光读取不同长度的信号时，通过反射率的变化形成 0 与 1 信号，借以读取信息。

对于可重复擦写的 CD-RW 而言，所涂抹的就不是有机染料，而是某种碳性物质，当激光在烧录时，就不是烧成一个接一个的"坑"，而是改变碳性物质的极性，从而形成特定的"0""1"代码序列。这种碳性物质的极性是可以重复改变的，这就表示此光盘可以重复擦写。

③ 反射层是反射光驱激光光束的区域，借反射的激光光束读取光盘片中的资料。其材料为纯度为 99.99% 的纯银金属。如同人们经常用到的镜子一样，反射层相当于镜子的银反射层，光线到达此层就会反射回去。

④ 保护层是用来保护光盘中的反射层及染料层防止信号被破坏。材料为光固化丙烯酸类物质。市场使用的 DVD+/-R 系列还需要在以上工艺上加入胶合部分。

⑤ 印刷层是印刷盘片的客户标识、容量等相关信息的地方，通常指光盘的背面。其实，它不仅可以标明信息，还可以起到一定的保护光盘的作用。

（3）U 盘

U 盘（见图 4-9）是一种使用 USB 接口的无须物理驱动器的微型高容量移动存储产品，通过 USB 接口与计算机连接实现即插即用。

相较于其他可携式存储设备，U 盘有许多优点：占空间小，通常操作速度较快，能存储较多数据，并且性能较可靠，在读 / 写时断开而不会损坏硬件，只会丢失数据。

U 盘通常使用 ABS 塑料或金属外壳，内部含有一张小的印制电路板，只有 USB 连接头突出于保护壳外，且通常被一个小盖子盖住。大多数 U 盘使用标准的 Type–A USB 接头，使得它们可以直接插入个人计算机上的 USB 端口中。

图 4-9　U 盘

U 盘的组成很简单，主要由外壳 + 机芯组成，其中：

① 机芯：机芯包括一块 PCB+USB 主控芯片 + 晶振 + 贴片电阻、电容 +USB 接口 + 贴片 LED（不是所有的 U 盘都有）+FLASH（闪存）芯片。

② 外壳：按材料分类，有 ABS 塑料、竹木、金属、皮套、硅胶、PVC 软件等；按风格分类，有卡片、笔形、迷你、卡通、商务、仿真等；按功能分类，有加密、杀毒、防水、智能等。

### 4.3.3　输入设备

输入设备是用来接收用户输入的原始数据和程序，并将它们转换为计算机能识别的二进制数据存入到内存中。常用的输入设备有键盘、鼠标、扫描仪、光笔等。

计算机的输入设备按功能分为下列几类：

① 字符输入设备：如键盘。

② 光学阅读设备：如光学标记阅读器、光学字符阅读器。

③ 定位设备：如鼠标、操纵杆、触摸屏幕和触摸板、轨迹球、光笔。

④ 图像输入设备：如摄像机、扫描仪、数字照相机。

⑤ 模拟输入设备：如语音输入设备、数模转换器。

键盘（Keyboard）是最常用也是最主要的输入设备，如图 4-10 所示。通过键盘可以将英文字母、数字、标点符号等输入到计算机中，从而向计算机发出命令、输入数据等。键盘由一组开关矩阵组成，包括数字键、字母键、符号键、功能键及控制键等，共 105 个左右（101 或 104 个），分散在一定的区域内。每个按键在计算机中都有它的唯一代码，当按下某个键时，键盘接口将该键的二进制代码送给计算机的主机，并将按键字符显示在显示器上。

鼠标（Mouse）是计算机的一种外接输入设备，也是计算机显示系统纵横坐标定位的指示器，如图 4-11 所示。鼠标的作用是使计算机的操作更加简便快捷，市面上的鼠标按照原理来分主要分为两大类：一类为机械式鼠标；一类为光电式的鼠标。

图 4-10　键盘

图 4-11　鼠标

机械式鼠标的底座上装有一个可以滚动的金属球，当鼠标在桌面上移动时，金属球与桌面摩擦发生转动，而导致屏幕上的光标也跟着鼠标的移动而移动。市面上的机械式鼠标已经被淘汰了。

光电鼠标内部有一个发光二极管，通过它发出的光线，可以照亮光电鼠标底部表面（这是鼠标底部总会发光的原因）。此后，光电鼠标经底部表面反射回的一部分光线，通过一组光学透镜后，传输到一个光感应器件（微成像器）内成像。这样，当光电鼠标移动时，其移动轨迹便会被记录为一组高速拍摄的连贯图像，被光电鼠标内部的一块专用图像分析芯片（DSP，即数字微处理器）分析处理。该芯片通过对这些图像上特征点位置的变化进行分析，来判断鼠标的移动方向和移动距离，从而完成光标的定位。

### 4.3.4　输出设备

输出设备用于将内存中计算机处理的结果转变为人们能接受的形式输出。常用的输出设备有显示器、打印机、绘图仪及语音输出设备等。

#### 1. 显示器

显示器用来显示和控制计算机的最终输出结果，在组装计算机的过程中，显示器是一个很重要的部分，一台好的显示器不仅可以让人们有更好的视觉体验，还可以提高人们的工作效率，所以配备一台好的显示器显得尤为重要。显示器按照不同的工作原理可分为 CRT 显示器、LCD显示器、LED 显示器和 PDP 显示器几种。

（1）CRT 显示器

CRT 显示器是通过显像管内安装的阴极射线电子枪发射电子经过偏转线圈和高压线圈加速后撞击到荧光屏上，荧光屏上涂染了一层特殊介质，经过电子撞击后显示出图像。CRT 显示器如图 4–12 所示。

CRT 显示器的优点是图像色彩鲜艳、画面逼真且没有延时感；缺点是体积大、质量大、耗电量高，且有较强的电磁辐射。尽管液晶显示器已经全面取代 CRT 成为计算机装机的首选，但是在一些对色彩还原要求较高的行业，如医疗、冶金等，仍需要使用 CRT 显示器进行作业。

（2）LCD 显示器

LCD 显示器是利用液晶的物理特性制造的显示器，如图 4–13 所示。

图 4-12　CRT 显示器

图 4-13　LCD 显示器

液晶的特点是通电时发光，不通电时不发光，这样就可通过发光和不发光组合在屏幕上显示出图像。LCD 显示器具有很多 CRT 显示器不具备的优越性，危害小、屏幕不会闪烁、工作电压低、功耗小、重量轻和体积小等，但 LCD 显示器的画面颜色逼真度不及 CRT 显示器。

（3）LED 显示器

LED 显示器，是一种通过控制半导体发光二极管的显示方式，用来显示文字、图形、图像、动画、行情、视频、录像信号等各种信息的显示屏幕，如图 4-14 所示。

图 4-14　LED 显示屏

LED 显示器集微电子技术、计算机技术、信息处理于一体，以其色彩鲜艳、动态范围广、亮度高、清晰度高、工作电压低、功耗小、寿命长、耐冲击、色彩艳丽和工作稳定可靠等优点，成为最具优势的新一代显示媒体。LED 显示器已广泛应用于大型广场、商业广告、体育场馆、信息传播、新闻发布、证券交易等，可以满足不同环境的需要。

（4）PDP 显示器

PDP 显示器是采用近年来高速发展的等离子平面屏幕技术的新一代显示设备，如图 4-15 所示。

图 4-15　PDP 显示器

其成像原理是在显示屏上排列上千个密封的小低压气体室，通过电流激发使其发出肉眼看不见的紫外光，然后紫外光碰击后面玻璃上的红、绿、蓝三色荧光体发出肉眼能看到的可见光，以此成像。PDP 显示器的特点是厚度薄、分辨率高、环保无辐射、占用空间少，还可以作为家中的壁挂电视使用，代表了未来计算机显示器的发展趋势。

显示器的性能指标如下：

① 亮度：指画面的明亮程度，广义上的亮度除了包括普通的亮度因素，还包括色彩的饱和度和艳丽度，亮度的提升并不是单纯地通过显示器的亮度调节按钮加大显示器驱动电路电流的输出使屏幕发白，而是在亮度提高的同时，对比度、色彩的饱和度等也随着亮度一起提高，从而给用户展现出一个鲜明、亮丽和清晰的画面。

② 分辨率：指显像管水平方向和垂直方向所显示的像素，也是屏幕图像的精密度，通常以"长度 × 宽度"的形式表示，如分辨率为 800×600 像素就表示水平方向上能显示 800 个像素，垂直方向上能显示 600 个像素。分辨率越高，图像就更加精细，但所得到的图像或文字就越小。

③ 点距：指屏幕上相邻两个同色像素单元之间的距离，即两个红色（或绿、蓝）像素单元之间的距离。点距的单位为 mm，以 17" 的 0.28 mm 点距显示器为例，它在水平方向最多可以显示 1 024 个点，在垂直方向最多可显示 768 个点，因此最高分辨率为 1 024×768 像素，超过这个分辨率，屏幕上的相邻像素会互相干扰，反而使图像变得模糊不清。

④ 尺寸：指屏幕对角线长度，以英寸为单位，最大可视区域指显示器可以显示图形的最大范围，通常显示面积都会小于显像管面积。

⑤ 刷新频率：指 CRT 显示器的屏幕每秒刷新的速度，其单位为 Hz。刷新频率的高低对人的眼睛有很大影响，显示器的刷新频率越低，图像闪烁和抖动就越明显，眼睛越容易疲劳。使用 CRT 显示器时，为了有效地保护视力，刷新频率应设置在 75 Hz 以上。

⑥ 色彩数：指屏幕上最多显示的颜色总数，对屏幕上的每一个像素来说，256 种颜色要用 8 位二进制数表示，即 2 的 8 次方，因此 256 色图形也叫作 8 位图。如果每个像素的颜色用 16 位二进制数表示，则叫作 16 位图，可以表示 2 的 16 次方，即 65 536 种颜色。PDP 显示器支持 24 位真彩色，即 2 的 24 次方等于 1 677 216 种颜色。

### 2. 打印机

打印机（Printer) 也是计算机的输出设备之一，用于将计算机处理结果打印在相关介质上。常见的打印机有针式打印机、喷墨式打印机、激光打印机。

针式打印机是通过打印头中的 24 根针击打复写纸，从而形成字体，如图 4-16 所示。

喷墨打印机是将彩色液体油墨经喷嘴变成细小微粒喷到印纸上，有的喷墨打印机有 3 个或 4 个打印喷头，以便打印黄、品红、青、黑四色；有的是共用一个喷头，分四色喷印。喷墨打印机如图 4-17 所示。

图 4-16　针式打印机

图 4-17　喷墨打印机

激光打印机是将激光扫描技术和电子照相技术相结合的打印输出设备，如图 4-18 所示。

激光打印机有打印速度快、成像质量高等优点，但使用成本相对高昂。

打印机的性能指标如下：

① 分辨率：对输出质量有至关重要的影响，同时也是判别同类型打印机档次的主要依据。其计算单位是 dpi。dpi 是指打印机输出时，在每英寸介质上能打印出的点数。

② 色彩饱和度：指打印输出一个点内彩色的饱满程度。该指标直接影响打印输出时的色彩质量。

③ 打印速度：不同类型打印机的输出速度相差甚远，一般来讲，激光式打印机最快。

图 4-18　激光打印机

### 3. 显卡

显卡是计算机基础的组成部分之一，它将计算机系统需要的显示信息进行转换，并向显示器提供逐行或隔行扫描信号，控制显示器的正确显示，是连接显示器和个人计算机主板的重要组件，如图 4-19 所示。

### 4.3.5　总线

总线（Bus）是计算机各种功能部件之间传送信息的公共通信干线，它是由导线组成的传输线束。总线是一种内部结构，它是 CPU、内存、输入 / 输出设备传递信息的公用通道。主机的各个部件通过总线相连接，外围设备通过相应的接口电路再与总线相连接，从而形成了计算机硬件系统。

按照总线所传输的信息种类不同，总线可以划分为数据总线、地址总线和控制总线，分别用来传输数据、数据地址和控制信号。

图 4-19　显卡

根据总线所连接对象所在位置的不同，将总线分为片内总线、系统总线和通信总线三类。

片内总线指计算机各芯片内部传送信息的通路，如 CPU 内部寄存器之间、寄存器与 ALU 之间传送信息的通路。系统总线指将计算机系统内部的各个组成部分连接在一起的线路，是将系统的整体连接到一起的基础，如 CPU 与主存储器之间、CPU 与外设接口之间传送信息的通路。

通信总线指将计算机和其他设备连接到一起的基础线路，如计算机系统和打印机、显示器、键盘和鼠标之间传送信息的通路。

根据传输数据方式的不同，将总线分为并行总线和串行总线。

### 4.3.6　计算机的性能指标

#### 1. CPU 类型

CPU 类型是指计算机系统所采用的 CPU 芯片型号，它决定了计算机系统的档次。

#### 2. 字长

字长是指 CPU 一次最多可同时传送和处理的二进制位数，直接影响到计算机的性能。例如，Pentium CPU 是 64 位字长的微处理器，即数据位数是 64 位，而它的寻址位数是 32 位。

#### 3. 时钟频率

时钟频率又称主频，它是指 CPU 内部晶振的频率，常用单位为兆赫［兹］（MHz），它反映了 CPU 的基本工作节拍。

一般使用 CPU 类型和时钟频率来说明计算机的档次。

#### 4. 运算速度

运算速度是指计算机每秒能执行的指令数，单位有 MIPS（每秒百万条指令）、MFLOPS（每秒百万条浮点指令）。

#### 5. 存取速度

存取速度是指存储器完成一次读或写操作所需的时间，称为存储器的存取时间或访问时间。连续两次读或写所需要的最短时间，称为存储周期。对于半导体存储器来说，存取周期大约为几十到几百毫秒之间，它的快慢会影响到计算机的速度。

#### 6. 内、外存储器容量

迄今为止，绝大多数计算机系统都是基于冯·诺依曼存储程序的原理。内、外存容量越大，所能运行的软件功能就越丰富。CPU 的高速度和外存储器的低速度是计算机系统工作过程中的主要瓶颈，但是由于硬盘的存取速度不断提高，这种现象已有所改善。

## 4.4　计算机软件系统

计算机软件系统是指计算机运行的各种程序、数据及相关的文档资料。计算机软件系统通常分为系统软件和应用软件两大类。系统软件用来处理以计算机为中心的任务，主要指软件厂商为释放硬件潜能、方便使用而配备的软件，如操作系统、各种语言编译/解释系统、网络软件、数据库管理软件、各种服务程序、界面工具等支持计算机正常运作的"通用"软件。应用软件用来帮助用户完成实际任务，是指解决某一应用领域问题的软件，如办公软件、财会软件、通信软件、计算机辅助设计与制造软件等。在当今整个社会信息化的情况下，系统软件和应用软件的界限越来越模糊。

### 4.4.1　操作系统

操作系统（OS）是管理计算机硬件与软件的计算机程序，是计算机系统的核心，是计算机系统中最基础和最重要的系统软件。它控制所有计算机运行的程序并管理整个计算机的资源，是计算机裸机与应用程序及用户之间的桥梁。没有操作系统，用户就无法使用某种软件或程序。常用的操作系统有 DOS 操作系统、Windows 操作系统、Mac OS 操作系统、UNIX 操作系统和 Linux 操作系统以及手持和平板设备操作系统。

计算机的启动过程，实际上就是将操作系统加载到内存中并运行，为使用计算机完成其他工作做好准备。从开启计算机直到计算机准备完毕并能接收用户发出的命令，这段时间内发生的一系列事件称为引导过程，或"引导"计算机。在引导过程中，操作系统内核会加载到内存中。内核提供的是操作系统中非常重要的服务，如内存管理和文件访问。在计算机运行时，内核会一直驻留在内存中，而操作系统的其他部分只有在需要时才会载入内存。

计算机的小型引导程序内置于 ROM 中，开启计算机时，ROM 通电并通过执行引导程序启动引导过程。引导过程有以下 6 个主要步骤：

① 通电。打开电源开关，电源指示灯变亮，电源开始给计算机电路供电。

② 启动引导程序。微处理器开始执行存储在 ROM 中的引导程序。

③ 开机自检。计算机对系统的几个关键部件进行诊断测试。

④ 识别外围设备。计算机能识别与计算机相连接的外围设备，并检查这些设备的设置。

⑤ 加载操作系统。计算机将操作系统从硬盘读取并复制到 RAM 中。

⑥ 检查配置文件并对操作系统进行定制。微处理器读取配置数据，并执行任何由用户设定过的自定义启动程序。

当计算机准备完毕并能够接收用户命令时，操作系统就已加载成功，而引导过程也已经完成。通常计算机会显示操作系统的提示符或主屏幕，例如，Windows 操作系统就会显示 Windows 桌面。

### 1. 操作系统的功能

操作系统是计算机系统的控制和管理中心，从资源角度来看，它具有处理器管理、存储器管理、设备管理、文件管理等 4 项功能。

（1）处理器管理

计算机微处理器的每个周期都是可用于完成任务的资源。许多称为"进程"的计算机活动会竞争微处理器的资源。为了管理所有这些竞争资源的进程，计算机的操作系统必须确保每一个进程都能够分享到微处理器的周期。

（2）存储器管理

内存是计算机中最重要的资源之一，微处理器处理的数据和执行的指令都存储在内存中。当用户想要同时运行多个程序时，操作系统就要在内存中为不同的程序分配出特定的区域。在计算机运行过程中经常会发生内存泄漏，即程序中已动态分配的内存由于某种原因程序未释放或无法释放，造成系统内存的浪费，导致程序运行速度减慢甚至系统崩溃等严重后果。

（3）设备管理

每个连接到计算机的设备都可视作输入或输出资源，计算机操作系统会与设备驱动程序软件通信，以确保数据在计算机与外围设备间可以顺畅地传输。如果外围设备或其驱动程序不能正常运行，操作系统就会采取适当措施，通常是在屏幕上显示警告信息。

（4）文件管理

在幕后，操作系统就像档案管理员，它负责存储和检索计算机硬盘和其他存储设备上的文件。它能记住计算机中所有文件的名字和位置，并且知道哪里有可以存储新文件的空间。

### 2. 操作系统的分类

操作系统根据其在用户界面的使用情况及功能特征的不同，可以有不同的分类。根据操作系统的功能及作业处理方式可以分为批处理操作系统、分时操作系统、实时操作系统和网络操作系统。

（1）批处理操作系统

批处理操作系统出现于 20 世纪 60 年代，能最大化地提高资源的利用率和系统的吞吐量。其处理方式是系统管理员将用户的作业组合成一批作业，输入到计算机中形成一个连续的作业流，系统自动依次处理每个作业，再由管理员将作业结果交给对应的用户。

（2）分时操作系统

分时操作系统可以实现多个用户共用一台主机，在一定程度上节约了资源。借助于通信线路将多个终端连接起来，多个用户轮流地占用主机上的一个时间片处理作业。用户通过自己的终端向主机发送作业请求，系统在相应的时间片内响应请求并反馈响应结果，用户再根据反馈信息提出下一步请求，这样重复会话过程，直至完成作业。因为计算机处理的速度快，给用户的感觉是在独占计算机。

（3）实时操作系统

实时操作系统是指计算机能实时响应外部事件的请求，在规定的时间内处理作业，并控制所有实时设备和实时任务协调一致工作的操作系统。实时操作系统追求的是在严格的时间控制范围内响应请求，具有高可靠性和完整性。

（4）网络操作系统

网络操作系统是向网络计算机提供服务的一种特殊操作系统，借助网络来达到传递数据与信息的目的，一般由服务端和客户端组成。服务端控制各种资源和网络设备，并加以管控；客户端接收服务端传送的信息来实现功能的运用。

根据操作系统能支持的用户数和任务来进行分类，可分为单用户单任务操作系统、单用户多任务操作系统、多用户多任务操作系统。这种分类下的操作系统特点很容易区分，是根据操作系统能被多少个用户使用及每次能运行多少程序来进行区分的。

计算机操作系统的分类还有其他的方法，例如，根据操作系统的体系结构进行划分等。

## 4.4.2　设备驱动程序

设备驱动程序是指用来在外设与计算机之间建立通信的软件。打印机、显示器、显卡、声卡、网卡等都需要使用驱动程序。在安装完成后，设备驱动程序就会在需要它时自动启动。设备驱动程序是运行在后台的程序，通常不会在屏幕上打开窗口。

假设用户要将一台新打印机连接到计算机上，在安装打印机时，也需要安装打印机驱动程序或选择预装的驱动程序。在安装完设备驱动程序后，每当开始一项打印工作，设备驱动程序都会在后台运行以将数据传送到打印机。

## 4.4.3　办公套件

办公套件是一套程序，通常包含文字处理、电子表格、演示文稿和数据库等模块，如 Microsoft Office。

### 1. 文字处理

文字处理软件在制作报告、信件、论文和手稿等多种文档的过程中代替了打字机。文字处理工具包能让用户在将一篇文档印在纸上之前，先在屏幕上进行创建文档、检查拼写、编辑和排版等操作。

## 2. 电子表格

电子表格利用整行整列的数字创建真实情况的模型。电子表格软件提供了创建电子表格的工具，它可以根据用户输入的简单等式或软件内置的更加复杂的函数进行计算，还可以将数据转换成各种形式的彩色图标，还有特定的数据处理功能，如数据排序、分类汇总及打印报表等。

## 3. 演示文稿

演示文稿软件提供了能将文本、图片、声音和动画结合成一组电子幻灯片的工具，用户可以在计算机屏幕或投影屏幕上展示这些幻灯片。

## 4. 数据库

当今世界是一个充满数据的互联网世界，充斥着大量的数据，这些数据需要有效地进行存储和管理。数据库是一个按数据结构来存储和管理数据的计算机软件系统。它的存储空间很大，可以存放百万条、千万条、上亿条数据。

## 4.4.4 软件的安装、卸载和升级

安装软件是指将程序文件和文件夹添加到硬盘并将相关数据添加到注册表，以使软件能够正常运行的过程。

制作软件时把代码或者文件进行高压缩，这样文件小，便于介质的传输，如刻录进光盘等。

安装时把高压缩的文件或者代码释放出来，还原成计算机可以读取的文件，写入注册表。一般下载的或者没安装的软件都稍小，安装完后占用计算机硬盘要大很多。

应用软件根据安装方式不同，可以分成本地应用软件和便携式软件。本地应用软件是指安装在用户计算机硬盘上的软件。在安装本地应用软件时，它所含有的文件会存储在计算机硬盘上适当的文件夹中，然后计算机运行一些必要的软件或硬件配置以确保程序可以运行。

便携式软件也称绿色软件，指一类小型软件，多数为免费软件，最大的特点是软件无须安装便可使用，可存放于可移动存储器中，移除后也不会将任何记录留在本地计算机上。相对于本地应用软件，绿色软件对系统的影响几乎没有，所以是很好的一种软件。

如果用户不再使用某些应用软件，可以对其进行卸载。卸载指从硬盘删除程序文件和文件夹以及从注册表删除相关数据的操作，释放原来占用的磁盘空间并使其软件不再存在于系统中。

有些软件自带卸载程序，而有些软件没有提供卸载程序，可以使用由计算机操作系统提供的卸载程序。卸载程序会从桌面和操作系统文件中除去和程序有关的所有内容。

软件升级是指软件开发者在编写软件时，由于设计人员考虑不全面或程序功能不完善，在软件发行后，通过对程序的修改或加入新的功能后，以补丁或者新版本的形式发布。用户把这些补丁更新或者安装新版本，即完成升级。

软件升级包括系统升级和应用程序升级两种，系统升级是指系统更换成较高版本的系统或对系统下载补丁，使其免受攻击或增加新功能；应用程序升级就是下载安装最新版本的软件，体验新功能。

Windows 系统升级可以通过微软的 Windows Update 轻松进行升级，而应用程序的升级可使用诸如 360 软件管家之类的软件管理程序，及时地提醒升级的软件的版本和功能。软件升级的同时也要注意该版本的稳定性和实用性，并不是最新版就一定是最好的。对很多人来讲，往往稳定比功能更重要。

## 小结

本章主要介绍了计算机体系结构及其工作原理、计算机硬件系统和计算机软件系统的基本概念、组成和原理。通过本章的学习，学生可理解冯·诺依曼体系结构及其工作原理；掌握运用计算机硬件系统性能的分析方法指导实际生活中根据不同需求选择合适的计算机；掌握常用办公软件的使用，能够使用办公软件进行文本文档编辑、电子表格处理和演示文稿设计；能够针对计算机科学与技术领域的特定需求，完成相应的软、硬件系统设计，在设计环节中体现创新意识。

## 习题四

### 一、选择题

1. 存储器容量是 1 KB，实际包含_____。

    A. 1 000 B    B. 1 024 B     C. 1 024 GB    D. 1 000 MB

2. 系统软件中最重要的是_____。

    A. 操作系统         B. 语言处理程序

    C. 工具软件         D. 数据库管理系统

3. 下列单位换算中正确的是_____。

    A. 1 KB=2 04 8B       B. 1 GB=1 024 B

    C. 1 MB=1 024 GB       D. 1 MB=1 024 KB

4. CPU、存储器、I/O 设备是通过_____连接起来的。

    A. 接口    B. 总线     C. 系统文件    D. 控制线

5. 用来保存计算机系统配置信息的存储器称为_____存储器。

    A. RAM    B. Cache     C. ROM     D. CMOS

6. 外围设备是指_____。

    A. 输入设备和输出设备     B. 输入设备、输出设备、主存储器

    C. 输入设备、输出设备和存储器    D. 输入设备、输出设备、辅助存储器

7. 不属于辅助存储器特点的是_____。

    A. 容量大    B. 价格低     C. 存取速度较低   D. 易失性

8. 系统软件和应用软件的相互关系是_____。

    A. 前者以后者为基础      B. 后者以前者为基础

    C. 每一类都不以另一类为基础    D. 每一类都以另一类为基础

9. 操作系统是一种对_____进行控制和管理的系统软件。

    A. 计算机所有资源       B. 全部硬件资源

    C. 全部软件资源        D. 应用程序

10. 硬盘中，_____是用于向磁盘读 / 写信息的工具。

    A. 磁头    B. 磁道     C. 扇区     D. 柱面

11. 磁盘上的一圈圈的圆周被称为_____。

    A. 磁头         B. 磁道             C. 扇区              D. 柱面

12. _____是烧录时刻录信号的地方。

    A. 记录层         B. 反射层           C. 保护层           D. 印刷层

## 二、填空题

1. 计算机系统包括_____和_____。

2. 计算机硬件系统包括_____和_____。

3. 计算机的主机通常是指_____和_____。

4. 计算机 CPU 主要由_____和_____两部分组成。

5. 内存储器主要包括_____和_____。

6. 计算机软件由_____、_____和文档组成。

7. 计算机软件系统包括_____和_____。

8. 存储器是用来存储_____和各种数据信息的记忆部件。

9. _____是指存储器所能容纳的二进制信息量的总和。

10. _____是指计算机从存储器读出数据或写入数据所需要的时间，它表明了存储器存取速度的快慢。

11. 主存的工作方式是按存储单元的地址存放或读取各类信息，存放信息称为_____，读取信息称为_____。

12. 磁表面存储器是指利用_____技术存储数据的存储器。

## 三、简答题

1. 计算机的主要技术指标是什么？

2. 根据总线所连接的对象所在位置不同总线分为哪几类？简单描述每种总线的功能。

3. 简述磁表面存储器的读 / 写过程。

4. 简述一次性记录的 CD-R 光盘的读 / 写过程。

5. 什么是软件的卸载和安装？

# 第 5 章

# 数据结构

## 引言

　　数据结构主要研究数据的逻辑结构、在计算机中的存储结构，以及对数据进行各种非数值运算的方法和算法。数据的逻辑结构分为集合、线性、树和图 4 种基本结构，由它们构成复杂的逻辑结构。本章将简要介绍现代计算机系统中如何组织和管理数据。数据结构包括线性表、栈和队列、图和树。

## 内容结构图

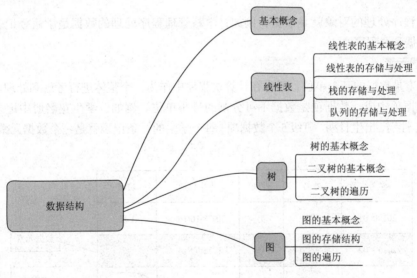

## 学习目标

- 了解学习数据结构的重要性。
- 掌握线性表、栈、队列的定义和特点。
- 理解树和二叉树的定义、二叉树的性质、二叉树的遍历。
- 理解图的概念和图的遍历。

## 5.1 基本概念

随着大数据时代的到来，数据量急剧膨胀，计算机最适合存储、处理数据量大、数据种类多的信息，且它的运行速度快、保存长久。数据通常有两种主要表现形式：一是数值型数据，如整型、实型等；二是非数值型数据，如字符串、图、表、声音等。计算机是如何存储和处理这些非数值型数据的？"数据结构"主要解决这类问题。数据结构1968年由西方国家引入，开始阶段包括图、表、树、集合代数、关系等内容，是计算机专业的一门专业基础课，编程语言采用目前广泛流行的面向对象程序设计语言进行描述。

随着计算机软、硬件的发展，计算机应用领域的扩大，非数值计算问题越来越重要，设计一个结构好、效率高的程序，必须研究数据的特性、数据间的相互关系以及数据的存储方式。数据结构是计算机科学与技术领域广泛使用的一个基本术语，用来反映数据内部构成。

### 1. 数据

数据是信息的载体，是人们对客观事物的符号描述。在计算机领域，数据就是指所有能输入到机器中并被计算机程序处理的符号总称。随着计算机处理能力的不断提高，文本、图像、声音、视频等多媒体数据都可以被计算机处理，所以数据的范围已经非常广泛，不仅仅局限于数值类型。

计算机程序处理的对象就是数据，例如，学籍管理程序处理的数据是学籍登记表，编译程序处理的数据是源程序。

### 2. 数据元素

数据元素是数据的基本单位，通常在计算机程序中作为一个整体进行考虑和处理。数据元素由若干个数据项构成，数据项是数据不可分割的最小单位。例如，学生花名册中记录着学生的学号、姓名、性别、出生日期、班级5个数据项，每个学生的一条记录就是一个数据元素，如图5-1所示。

| 学号 | 姓名 | 性别 | 出生日期 | 班级 |
|------|------|------|----------|------|
| 20190001 | 鹿鸣 | 男 | 1978/10/16 | 1班 |
| 20190002 | 王强 | 男 | 1972/09/14 | 1班 |
| 20190003 | 林淼淼 | 女 | 1975/02/09 | 2班 |

图 5-1　数据元素和数据项

数据元素具有广泛的含义，一般来说，能独立、完整地描述问题世界的一切实体都是数据元素。例如，博弈中的棋盘格局、教务系统中的某门课程、一年中的12个月，甚至一场足球比赛、一场学术报告都是数据元素。

### 3. 数据对象

数据对象是性质相同的数据元素构成的集合，是数据的一个子集。例如，图5-1中学生花名册就是一个数据对象，其中每一名学生就是一个数据元素，他们都具有学号、姓名、性别、出生日期、班级 5 个数据项的值。

### 4. 数据结构

数据结构是一个二元组 Data Structure=$(D, S)$，其中 $D$ 是一个数据元素的有限集合，$S$ 是 $D$ 上的关系的有限集合。结构是指数据元素相互之间的关系。需要指出，数据元素是数据结构问题中涉及的最小数据单位，而数据项一般不予考虑。

按照视点的不同，数据结构包括数据的逻辑结构和存储结构。数据的逻辑结构又称数据的外部结构，指各数据之间逻辑关系的整体，反映人们对数据含义的解释。

根据数据元素之间逻辑关系的不同，将数据结构分为集合结构、线性结构、树结构、图结构 4 类，如图 5-2 所示。

（1）集合结构

数据元素之间属于同一集合，堆放在一个集合中，除此之外，没有任何关系。

（2）线性结构

数据元素之间存在一对一的关系。除第一个数据元素没有前驱，最后一个数据元素没有后继外，每一个数据元素都有唯一直接前驱和直接后继。

（3）树结构

数据元素之间存在一对多的关系。除第一个数据元素无前驱外，其他数据元素都有唯一的直接前驱。无前驱的数据元素称为根节点。

（4）图结构

数据元素之间存在多对多的关系，任一数据元素都有多个前驱和多个后继。图结构也称为网状结构。

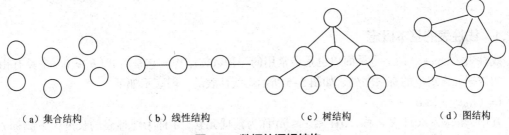

（a）集合结构　　　　（b）线性结构　　　　（c）树结构　　　　（d）图结构

**图 5-2　数据的逻辑结构**

数据的逻辑结构通常用逻辑关系图来描述，其描述方法：将每一个数据元素看成一个节点，用圆圈表示，元素之间的逻辑关系用节点之间的连线表示，如果强调关系的方向性，那么用带箭头的矢线表示关系。

数据的存储结构又称数据的物理结构，是指数据的逻辑结构在计算机中的表示。也就是，存储结构除了存储数据元素之外，必须显式或隐式地存储数据元素之间的逻辑关系。通常分为顺序存储结构和链式存储结构两种。

顺序存储结构的基本思想：用一组连续的存储单元依次存储数据元素，数据元素之间的逻辑关系由元素的存储位置来表示。例如，线性表（cat, dog, pig）的顺序存储示意图如图 5-3 所示。

链式存储结构的基本思想：用一组任意的存储单元存储数据元素，数据元素之间的逻辑关系用指针来表示。例如，线性表（cat, dog, pig）的链式存储示意图如图 5-4 所示。

起始地址

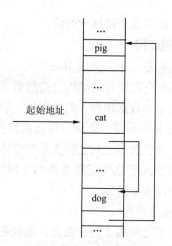

起始地址

**图 5-3　数据顺序存储结构**　　　　　　　　　**图 5-4　数据链式存储结构**

数据的逻辑结构是从具体问题抽象出来的数据模型，属于面向问题，反映数据元素之间的关联方式或邻接关系。数据的存储结构是面向计算机的，基本目标是将数据及其逻辑关系存储到计算机的内存中。为了与数据的存储结构有所区别，常常将数据的逻辑结构称为数据结构。

数据的逻辑结构和存储结构是密切相关的。一般来说，一种数据的逻辑结构可以用多种存储结构来存储。当采用的存储结构不同时，数据处理的效率也千差万别。

## 5.2　线性表

### 5.2.1　线性表的基本概念

线性表（Linear List）是最简单也是最常用的一种数据结构。它是由 $n$（$n \geq 0$）个具有相同类型的数据元素组成的有限序列，如图 5-5 所示。线性表的一般表示如下：

L=（$a_1, a_2, \cdots, a_i, a_{i+1}, \cdots, a_n$）

其中，L 表示线性表名称，$a_i$（$1 \leq i \leq n$）称为数据元素，$n$ 称为线性表的长度，下脚标 $i$ 表示该元素在线性表中的位置或者序号，称元素 $a_i$ 位于表的第 $i$ 个位置，或称 $a_i$ 是表的第 $i$ 个元素。$a_1$ 称为第一个元素，$a_n$ 称为最后一个元素，任意一对相邻的数据元素 $a_{i-1}$ 和 $a_i$（$1 < i \leq n$）之间存在序偶关系 $<a_{i-1}, a_i>$，且 $a_{i-1}$ 称为 $a_i$ 的前驱，$a_i$ 称为 $a_{i-1}$ 的后继。当 $n=0$ 时，称为空表。线性表的长度是可以改变的，当向线性表中插入一个元素时，线性表长度加 1；当删除一个元素时，线性表长度减 1。

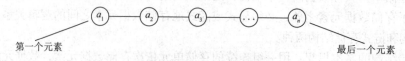

第一个元素　　　　　　　　　　　　　　　　　　　　　最后一个元素

**图 5-5　线性表结构示意图**

当线性表非空时，除了第一个元素 $a_1$ 外，其他任何元素有且仅有一个直接前驱；除了最后一个数据元素 $a_n$ 外，其他任何元素有且仅有一个直接后继。例如，英文字母表（a, b, $\cdots$, z）就是

一个线性表；一年 12 个月可以用线性表 Year 表示：Year=（"1 月"，"2 月"，"3 月"，"4 月"，
"5 月"，"6 月"，"7 月"，"8 月"，"9 月"，"10 月"，"11 月"，"12 月"）。

　　线性表的存储结构有两种：一种是顺序存储结构，表中各数据元素依照它们的逻辑次序存储
在一片连续的存储区域中，数据元素的逻辑顺序与物理顺序一致。其优点是节省存储空间，不需
要额外的存储空间来保存数据元素之间的逻辑关系；缺点是不便于对数据元素实施插入、删除等
操作。另一种是链式存储结构，除了存储数据元素本身之外，还需要存储一组指针。指针是另
一个元素的地址，用指针表示数据元素之间的顺序关系，数据元素的逻辑顺序与物理顺序不一致。
其优点是便于对数据元素实施插入、删除等操作；缺点是存储空间的利用率低。

## 5.2.2　线性表的存储与处理

　　在计算机内，线性表可以用不同的方式表示，即有多种存储结构可供选择。在实现线性表
数据元素的存储方面，一般可用顺序存储结构和链式存储结构两种方法。对于完成某种运算来说，
不同的存储方式，其执行效果不一样。为了使所要进行的运算得以有效执行，在选择存储结构时，
必须考虑采用的是哪些运算，对选定的存储结构，应估计这些运算执行时间的量级，以及它对
存储容量的要求。

### 1. 顺序存储结构及操作

　　线性表的顺序存储结构称为顺序表。

　　顺序表是用一段地址连续的存储单元依次存储线性表的数据元素。由于线性表中每个数据元
素的类型相同，通常用一维数组来实现顺序表，也就是把线性表中相邻的元素存储在数组中相邻
的位置，从而导致数据元素的序号和存放它的数组下标之间的一一对应关系。需要强调的是，C
语言中数组的下标是从 0 开始，而线性表中元素的序号是从 1 开始，也就是说，线性表中第 $i$ 个
元素存储在数组中下标 $i-1$ 的位置。

　　用数组存储顺序表，意味着要分配固定长度的数组空间，因此，必须确定数组的长度，即
存放线性表的数组空间的长度。因为在线性表中可以进行插入操作，则数组的长度就要大于当
前线性表的长度。用 MaxSize 表示数组的长度，用 length 表示线性表的长度，顺序表的存储示意
图如图 5-6 所示。

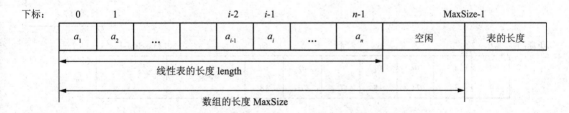

**图 5-6　数组的长度和线性表的长度具有不同的含义意图**

　　设顺序表的每个元素占有 $c$ 个存储单元，则第 $i$ 个元素的存储地址为：

$$\text{LOC}(a_i) = \text{LOC}(a_1) + (i-1) \times c$$

　　如图 5-7 所示，由于 C 语言中数组的下标是从 0 开始的，所以在逻辑上所指的"第 $k$ 个位置"
实际上对应的是顺序表的"第 $k-1$ 个位置"。

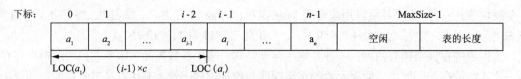

图 5-7　顺序表中元素 $a_i$ 的存储地址

从图 5-7 中可以看出，顺序表中数据元素的存储地址是其序号的线性函数，确定了存储顺序表的起始地址（即基地址），计算任意一个元素的存储地址的时间是相等的，具有这一特点的存储结构称为随机存取结构。

顺序表的基本操作包括构造函数、求线性表的长度、查找操作、插入操作、删除操作和遍历操作。下面主要讨论插入操作和删除操作。

（1）插入操作

插入操作是在表的第 $i(1 \leqslant i \leqslant n+1)$ 个位置插入一个新元素 $x$，使长度为 $n$ 的线性表 $(a_1, a_2, \cdots, a_{i-1}, a_i, \cdots, a_n)$ 变成长度为 $n+1$ 的线性表 $(a_1, a_2, \cdots, a_{i-1}, x, a_i, \cdots, a_n)$，插入后，元素 $a_{i-1}$ 和 $a_i$ 之间的逻辑关系发生了变化并且存储位置会反映出这种变化。顺序表在第 3 个位置插入一个新元素 $x=21$ 时，插入操作前后，数据元素在存储空间上位置的变化如图 5-8 所示。

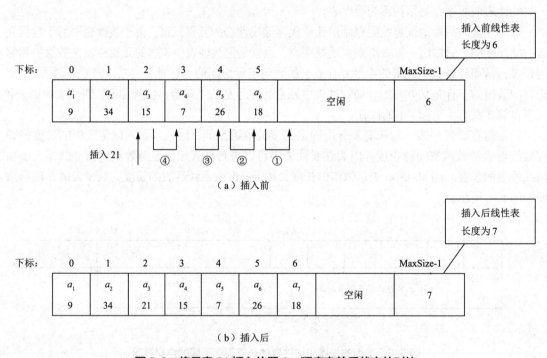

（a）插入前

（b）插入后

图 5-8　将元素 21 插入位置 3，顺序表前后状态的对比

注意：算法中元素的移动方向必须是从最后一个元素开始移动，直到第 $i$ 个元素后移为止，然后将新元素插入位置 $i$ 处。如果表已满，则出现上溢错误；如果元素插入的位置不合理，则引发位置异常。

（2）删除操作

删除操作是将表的第 $i(1 \leqslant i \leqslant n+1)$ 个元素删除，使长度为 $n$ 的线性表 $(a_1, a_2, \cdots, a_{i-1}, a_i, a_{i+1}, \cdots,$

$a_n)$ 变成长度为 $n–1$ 的线性表 $(a_1,a_2,\cdots,a_{i-1},a_{i+1},\cdots,a_n)$，删除后，元素 $a_{i-1}$ 和 $a_{i+1}$ 之间的逻辑关系发生了变化并且存储位置会反映出这种变化。顺序表将第三个位置的元素 21 删除，删除操作前后，数据元素在存储空间上位置的变化如图 5-9 所示。

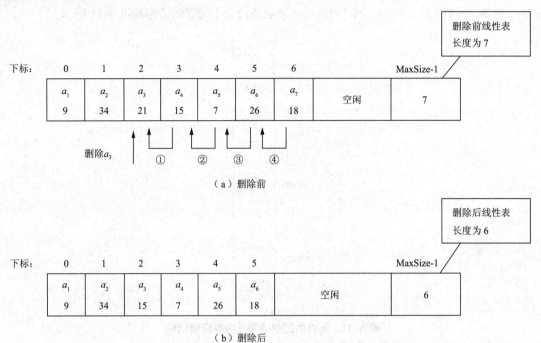

图 5-9　将位置 3 上元素 21 删除，顺序表前后状态的对比

注意：算法中元素的移动方向必须是从第 $i+1$ 个元素（下标为 $i$）开始移动，直到将最后一个元素前移为止，并且在移动元素之前，需将被删除元素保存。如果表已空，则出现下溢错误；如果元素删除的位置不合理，则引发位置异常。

### 2. 链式存储结构

顺序表利用数组元素在物理位置上的邻接关系来表示线性表中数据元素之间的逻辑关系，它的缺点如下：在顺序表上完成插入和删除操作时，等概率情况下，平均需要移动表中一半的元素；当线性表的长度变化较大时，难以确定表的容量，会造成存储空间的"碎片"。为了克服顺序表的缺点，可以采用链式存储结构来实现，这种存储结构的特点是，逻辑上相邻的数据元素不要求其物理存储位置相邻。

数据的链接存储表示称为链接表。当链接表中的每个节点只含有一个指针域时，则称为单链表。单链表是用一组任意的存储单元存放线性表的元素，这组存储单元可以连续也可以不连续，甚至可以零散分布在内存中的任意位置。为了能正确表示元素之间的逻辑关系，每个存储单元在存储数据元素的同时，还必须存储其后续元素所在的地址信息，这个地址称为指针。这两部分组成了数据元素的存储映像，称为节点，结构图如图 5-10 所示。

| data | next |

图 5-10　单链表的节点结构

其中，data 是数据域，用来存储数据元素；next 是指针域，用来存储该节点的后继节点的地址。单链表是通过每个节点的指针域将线性表的数据元素按其逻辑次序链接在一起，由于每个节点只有一个指针域，所以称为单链表。显然，单链表中每个节点的存储地址存放在其前驱节点的 next 域中，而第一个节点没有直接前驱，所以设头指针指向第一个元素所在节点，整个单链表的存取必须从头指针开始进行，即头指针具有标识一个单链表的作用；同理，最后一个元素无直接后继，其所在节点的指针域为空，即 NULL（用"∧"表示）。例如，线性表 (r，p，b，o)，对应的单链表在内存中的存储结构如图 5-11 所示。

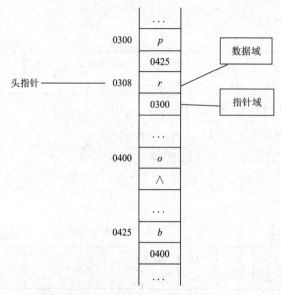

**图 5-11　线性表的单链表在内存存储结构**

图 5-11 表示一个单链表非常不方便，同时，单链表在使用时，我们关心的是它所表示的线性表中的数据元素及其之间的逻辑关系，并不关心每个数据元素在存储器中的实际位置，所以，单链表通常按图 5-12 所示形式表示。

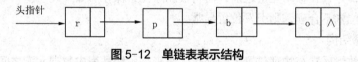

**图 5-12　单链表表示结构**

从图 5-13 中可以看出，除了第一个节点外，其他每个节点的指针域都存放着其直接后继的存储地址，而第一个节点是由头指针指示的。这个特殊的节点在单链表实现时需要特殊处理。因此，通常在单链表的第一个节点之前增加一个类型相同的节点，称为头节点。

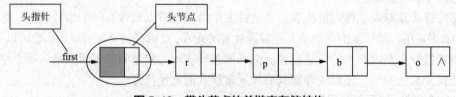

**图 5-13　带头节点的单链表存储结构**

链表的基本操作包括遍历操作、求线性表的长度、查找操作、插入操作、构造函数和删除操作。下面主要讨论插入操作和删除操作。

① 插入操作：单链表的插入操作是将值为 $x$ 的新节点插入到单链表的第 $i$ 个位置，即插入

到 $a_{i-1}$ 和 $a_i$ 之间。因此，第一步先扫描单链表，找到 $a_{i-1}$ 的存储地址 p，然后生成一个数据域为 $x$ 的新节点 $s$，将节点 $s$ 的 next 域指向节点 $a_i$，将节点 $a_{i-1}$ 的 next 域指向新节点 $s$，从而实现 3 个节点 $a_{i-1}$、$x$ 和 $a_i$ 之间逻辑关系的变化。这里一定要注意指针的链接顺序，不可颠倒，插入过程如图 5-14 所示。插入算法的时间主要消耗在查找正确的插入位置上。由于单链表带头节点，所以在表头、表中间和表尾插入这 3 种情况操作语句一致，不需要特殊处理。有兴趣的同学可以分析一下，不带头节点的单链表，分别在表头、表中间和表尾插入一个元素，这 3 种情况有什么不同。

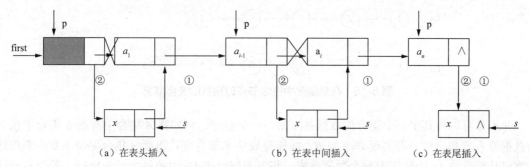

（a）在表头插入　　　（b）在表中间插入　　　（c）在表尾插入

**图 5-14　在单链表中插入节点时指针的变化情况**

② 删除操作：单链表的删除操作是将第 $i$ 个节点删除，因为在单链表中节点 $a_i$ 的存储地址在其直接前驱节点 $a_{i-1}$ 的指针域中，所以删除之前必须首先找到 $a_{i-1}$ 的存储地址，用指针 p 指向，然后令 p 的 next 域指 $a_i$ 的后继节点，即把节点 $a_i$ 从链上摘下，最后释放节点 $a_i$ 的存储空间。需要注意表尾的特殊情况，此时虽然被删节点不存在，但其前驱节点却存在。因此，仅当被删节点的前驱节点 p 存在且 p 不是终端节点时，才能确定被删节点存在，如图 5-15 所示。删除算法的时间主要消耗在查找正确的删除位置上。

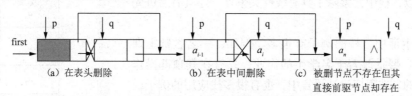

（a）在表头删除　　　（b）在表中间删除　　　（c）被删节点不存在但其
　　　　　　　　　　　　　　　　　　　　　　　　　直接前驱节点却存在

**图 5-15　在单链表中删除节点时指针的变化情况**

### 3. 顺序结构与链表结构的比较

在线性表的顺序存储结构中，是利用节点的存储位置来反映节点的逻辑关系，节点的逻辑次序与存储空间中的物理次序一致，因而只要确定了线性表中起始节点的存储位置，即可方便地计算出任一节点的存储位置，所以可以实现节点的随机访问。在顺序表中只需存放节点自身的信息，因此，存储密度大、空间利用率高。但在顺序表中，节点的插入、删除运算可能需要移动许多其他节点的位置，一些长度变化较大的线性表必须按照最大需要的空间分配存储空间，这些都是线性表顺序存储结构的缺点。

而在线性表的链式存储结构中，节点之间的逻辑次序与存储空间中的物理次序不一定相同，是通过给节点附加一个指针域来表示节点之间的逻辑关系。所以，不需要预先按最大的需要分配存储空间。同时，链表的插入、删除运算只需修改指针域，而不需要移动其他节点。这是线性表链式存储结构的优点。它的缺点在于，每个节点中的指针域需要额外占用存储空间，因此，它的存储密度较小。另外，链式存储结构是一种非随机存储结构，查找任一节点都要从头指针开始，沿指针域逐个地搜索，增加了某些算法的时间代价。

线性表的运算主要有查找、插入和删除。实现了线性表的各基本操作后，可利用编程调用这些函数进行具体的应用。第一个应用是"两个集合并运算"的算法，即实现两个集合的并运算 $A \cup B$。例如 $A$={1,2,4,6,5}，$B$={0,2,3,6,5,7,4}，则两集合的并运算的结果是 {1,2,0,3,4,6,5,7}。实现该算法可用线性表表示集合，用 La、Lb 分别表示问题中的集合 $A$ 与 $B$，如图 5-16 所示。

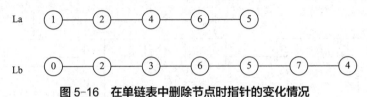

图 5-16　在单链表中删除节点时指针的变化情况

并运算可以将其中一个集合的数据并入另一个集合中，例如将 $A$ 集合中有而 $B$ 集合中没有的数据放入 $B$ 集合中，即实现 $B=A \cup B$。操作完成后 $B$ 集合变化，而 $A$ 集合保持不变。实现此方案可从线性表 La 中依次取每个数据元素，将其与线性表 Lb 中的每个元素比较，若没有相同元素则将其放到 Lb。算法既可采用顺序存储，也可采用链式存储方法实现。

### 5.2.3　栈的存储与处理

栈是限定仅在表的某一端进行插入和删除操作的特殊的线性表。允许进行插入和删除操作的一端称为栈顶，另一端则称为栈底。如图 5-17 所示，栈中有 $n$ 个元素，插入元素（又称为入栈）的顺序为 $a_1, a_2, \cdots, a_n$，当删除元素（也称为出栈）时只能删除 $a_n$。换而言之，任何时候，出栈的元素只能是栈顶元素，即后进先出，所以，栈中元素除了具有线性关系外，还具有后进先出的特性。

在日常生活中，栈的例子有很多。例如，一名教师上课批改作业时，要批改若干名学生的作业，只有在其顶部操作才是最方便的。在程序设计语言中，也有很多栈应用的例子，例如，高级程序语言在编译源程序时，完成类似表达式括号匹配问题，就是使用栈来实现的；将十进制数 $N$ 转化为二进制；将一组数逆置，常用的一种方法是使用栈。采用栈逆置时，

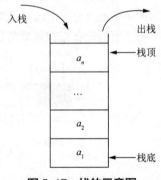

图 5-17　栈的示意图

只要将所有元素按顺序压栈，在全部出栈时即完成这组数的逆置；计算机系统在处理子程序之间的调用关系时，用栈来保存处理执行过程中的调用次序，等等。

#### 1. 栈的顺序存储结构——顺序栈

栈的顺序存储结构称为顺序栈。顺序栈本质上是顺序表的简化，唯一需要确定的是用数组的哪一端表示栈底。通常把数组中下标为 0 的一端作为栈底，同时附设指针 top 指示栈顶元素的数组中的位置。设存储栈元素的数组长度为 StackSize，则栈空时栈顶指针 top=-1；栈满时栈顶指针 top= StackSize -1。入栈时，栈顶指针 top 加 1；出栈时，栈顶指针 top 减 1。栈操作示意图如图 5-18 所示。

顺序栈的基本操作包括栈的初始化、入栈操作、出栈操作、取栈顶元素和判空操作。根据顺序栈的定义，很容易写出上述操作的算法。

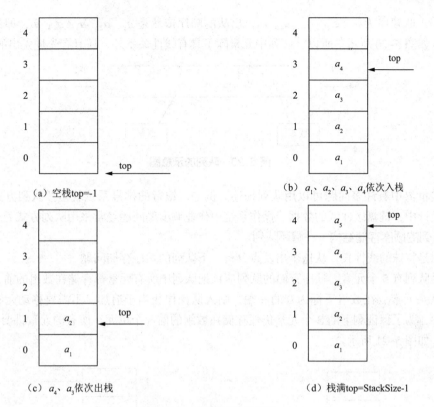

（a）空栈top=-1　　　　　　　（b）$a_1$、$a_2$、$a_3$、$a_4$依次入栈

（c）$a_4$、$a_3$依次出栈　　　　（d）栈满top=StackSize-1

**图 5-18　栈的操作示意图**

## 2. 栈的链接存储结构——链栈

栈的链接存储结构称为链栈。通常链栈用单链表表示，因此其节点结构与单链表的节点结构相同。因为只能在栈顶执行插入和删除操作，显然以单链表的头部做栈顶是最方便的，而且没有必要像单链表那样为了运算方便附加一个头节点。链栈的表示形式如图 5-19 所示。

链栈的基本操作包括构造函数、入栈操作、出栈操作、取栈顶元素、判空操作和析构函数。上述基本操作的实现本质就是单链表基本操作的简化，因此很容易实现上述操作的算法。

## 3. 顺序栈与链栈的比较

实现顺序栈和链栈的所有基本操作的算法都只需要常数时间，因此可以比较的只能是空间性能。初始时，顺序栈必须确定一个固定的长度，因此受元素个数的限制，存在空间浪费的问题。链栈不存在栈满的担忧，只有当内存不足时才会出现栈满的问题。但是，每个元素都需要一个指针域，会产生结构性开销。所以，当栈的使用过程中元素个数变化较大时，用链栈比较合适；反之，则采用顺序栈。

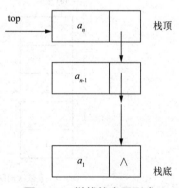

**图 5-19　链栈的表示形式**

## 5.2.4　队列的存储与处理

队列是只允许在一端插入数据元素，而在另一端删除数据元素的线性表。允许插入数据元素（又称为入队）的一端称为队尾，允许删除（又称为出队）的一端称为队头。假设一个队列有 5

个元素，入队顺序为 $a_1$、$a_2$、$a_3$、$a_4$、$a_5$，出队的顺序依然是 $a_1$、$a_2$、$a_3$、$a_4$、$a_5$，即最先入队最先出队，如图 5-20 所示。所以，队列中元素除了具有线性关系外，还具有先进先出的特性。

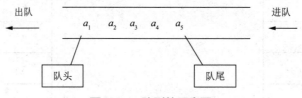

图 5-20　队列的示意图

现实世界中有许多问题可以用队列描述。例如，银行的排号系统就是按队列方式进行的。在程序设计中，键盘缓冲区的数据、操作系统中作业调度等问题经常采用队列方式处理数据。

### 1. 队列的顺序存储结构——循环队列

队列是特殊的线性表，从这个出发点分析一下队列的顺序存储问题。

假设队列有 5 个元素，顺序存储的队列应该把队列中所有元素都存储在数组的前 5 个单元。如果把队头元素放在数组下标为 0 的一端，则入队操作相当于追加，不需要移动元素；但是出队操作中，为了保证剩下的 3 个元素仍然存储在数组前 3 个单元，所有的元素都要向前移动 2个位置，如图 5-21 所示。

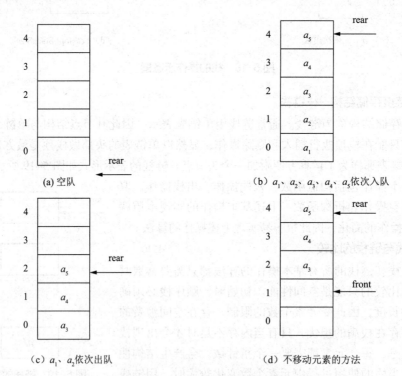

图 5-21　顺序队列的操作示意图

如果不要求队列的所有元素必须存储在数组的前 $n$ 个单元，只要求队列的元素存储在数组中连续的位置，可以得到一种更为有效的存储方法，如图 5-21(d) 所示。此时入队和出队操作的时间开销都一样，不需要移动任何元素。但是队列的队头和队尾都是可以活动的，需要设置两个指针——队头和队尾。同时约定：队头指针 front 指向队头元素的前一个位置，队尾指针 rear 指向队尾元素。

但是这样的处理，会出现一个新问题：随着队列元素不断地进行插入和删除操作，整个队列向数组中下标较大的位置移动，这种"单向移动"会产生"假溢出"。即元素被插入到数组中下标最大的位置之后，队列的空间显示用尽，但此时数组下标低端还有空闲空间，如图 5-21(d) 所示。

解决假溢出可以将存储队列的数组看成是头尾相连的循环结构，即队列直接从数组下标最大的位置过渡到下标最小的位置，如图 5-22 所示。这种操作通过取模操作很容易实现。这种头尾相连的队列顺序存储结构称为循环队列。

在循环队列中还存在一个很重要的问题：队空和队满的判定条件。队列中只有 1 个元素，执行出队操作，则队头指针加 1 后与队尾指针位置相同，即队空的条件是 front=rear，如图 5-23(a) 和 (b) 所示；数组中只有一个空闲位置，执行入队操作后，队尾指针加

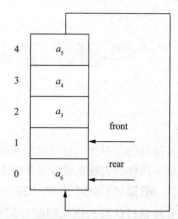

**图 5-22　解决循环队列假溢出操作示意图**

1 后与队头指针位置相同，即对满的条件也是 front=rear，如图 5-23(d) 和 (f) 所示。如何将队空和队满的判定条件区分开呢？可以选择牺牲一个数据元素的存储单元，图 5-23(c) 和 (e) 可以看成队满的情况，此时队尾指针和队头指针相差 1，即队满的条件变为：(rear + 1)% QueueSize = front。

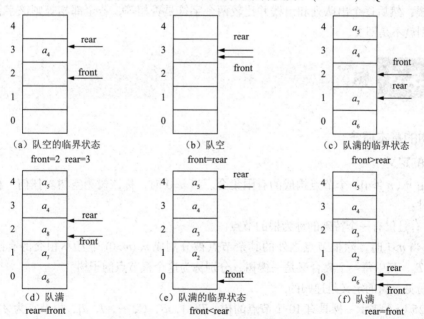

**图 5-23　循环队列对空和队满的判定示意图**

循环队列的基本操作包括构造函数、入队操作、出队操作、读取队头元素和判空操作。根据循环队列的定义，很容易写出上述操作的算法。

**2.　队列的链接存储结构——链队列**

队列的链接存储结构称为链队列。通常链队列在单链表的基础上做简单的修改即可。链队列

加上头节点可以使空队列和非空队列的操作保持一致。根据队列先进先出的特性，为了操作方便，这里设置队头指针指向链队列的头节点，队尾指针指向最后一个节点，如图 5-24 所示。

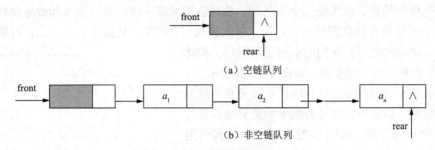

（a）空链队列

（b）非空链队列

图 5-24　链队列示意图

链队列的基本操作包括构造函数、入队操作、出队操作、取队头元素、判空操作和析构函数。上述基本操作的实现本质就是单链表基本操作的简化，因此很容易实现上述操作的算法。

### 3. 循环队列与链队列的比较

实现循环队列和链队列所有基本操作的算法都只需要常数时间，而循环队列和链队的空间性能比较又与顺序栈和链栈的空间性能相似，所以这里不详细介绍。

在日常生活中，队列的例子有很多。例如，模拟银行排队过程。假设银行具有 4 个窗口办理业务，客户从大厅进来后，选择人数最少的窗口排队，排在队头的人办理业务，办理完后出队，从大厅离开；判断一个字符串是否是回文，例如 ACBDEDBCA 是回文。可以把字符序列分别入队列和入栈，然后逐个出队列和出栈并比较两个字符是否相等，若全部相等则该字符序列就是回文，否则就不是回文。

## 5.3　树

### 5.3.1　树的基本概念

#### 1. 树的定义

树是由 $n$（$n \geq 0$）个节点构成的有限集合。当 $n=0$ 时，称该树为空树。任何一棵非空树满足以下条件：

（1）有且仅有一个特殊的称为根的节点。

（2）当 $n>1$ 时，除根节点之外的其余节点被分割成 $m$ ($m>0$) 个互不相交的有限集合 $T_1$，$T_2$，…，$T_m$，其中每一个集合又是一棵树，分别称为这个根节点的子树。

显而易见，树的定义是递归的。

图 5-25（a）表示一棵具有 10 个节点的树，$T=\{A，B，C，…，I，J\}$，根节点为 $A$，共有 3 棵子树 $T_1=\{B，E，F，I\}$，$T_2=\{C，G\}$，$T_3=\{D，H，J\}$。子树 $T_1$ 的根节点为 $B$，$T_{11}=\{E\}$ 和 $T_{12}=\{F，I\}$ 构成了 $T_1$ 的 2 棵子树。依此类推，直到每棵子树只有一个根节点为止。

图 5-25（b）由于根节点 $A$ 的两个集合之间存在交集，节点 $E$ 既属于集合 $T_1$ 又属于 $T_2$，所以不是树；图 5-25（c）中根节点 $A$ 的两个集合之间也存在交集，边（$B$，$C$）的两个节点分别属于根节点的 $A$ 两个集合 $T_1$ 和 $T_2$，所以也不是树。

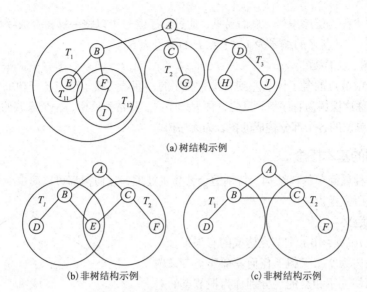

(a)树结构示例

(b)非树结构示例　　　　　　　　(c)非树结构示例

**图 5-25　树结构和非树结构的示意图**

### 2. 树的基本术语

（1）节点的度、树的度

该节点拥有的子树数目称为该节点的度；树中各节点度的最大值称为树的度。如图 5-25（a）所示的树中，$A$ 节点的度为 3，$B$ 节点的度为 2，$C$ 节点的度为 1，该树的度为 3。

（2）叶子节点、分支节点

度为 0 的节点称为叶子节点或终端节点；度不为 0 的节点称为分支节点或非终端节点。图 5-26（a）所示的树中，$E$、$I$、$G$、$H$、$J$ 节点都是叶子节点；$A$、$B$、$C$、$D$、$F$ 节点就是分支节点。

（3）孩子节点、双亲节点、兄弟节点

某节点的子树的根节点称为该节点的孩子节点，相应地，该节点称为其孩子节点的双亲节点；具有同一个双亲的孩子节点互称为兄弟节点。图 5-25（a）所示的树中，节点 $A$ 是节点 $B$、$C$、$D$ 的双亲节点；$B$、$C$、$D$ 是 $A$ 的孩子节点；$B$、$C$、$D$ 互称兄弟节点，节点 $G$ 没有兄弟节点。

（4）路径、路径长度

如果树的节点序列 $n_1$，$n_2$，$\cdots$，$n_k$ 满足如下关系：节点 $n_i$ 是节点 $n_{i+1}$ 的双亲（$1 \leqslant i < k$），则把 $n_1$，$n_2$，$\cdots$，$n_k$ 称为一条由 $n_1$ 至 $n_k$ 的路径；路径经过的边数称为路径长度。图 5-25（a）所示的树中，从节点 $A$ 到节点 $I$ 的路径是 $A$、$B$、$F$ 和 $I$，路径长度为 3。

（5）祖先、子孙

如果从节点 $x$ 到节点 $y$ 有一条路径，那么 $x$ 就称为 $y$ 的祖先，$y$ 称为 $x$ 的子孙。显然，以某节点为根的子树中的任何一节点都是该节点的子孙。图 5-25（a）所示的树中，节点 $A$、$B$、$F$ 均为节点 $I$ 的祖先，节点 $B$ 的子孙为 $E$、$F$、$I$。

（6）节点的层数、树的深度（高度）

一般规定根节点的层数为 1，对其余任何节点，若某节点在第 $k$ 层，则其孩子节点在第 $k+1$ 层；树中所有节点的最大层数称为树的深度或树的高度。图 5-25（a）所示的树中，节点 $F$ 的层数是 3，树的深度为 4。

（7）层序编号

将树中所有节点按照从上到下、从左到右的次序，用从 1 开始的连续自然数依次给它们编号，树的这种编号方式称为层序编号。显而易见，通过层序编号可以将一棵树变成线性序列。图5-25（a）所示的树中，节点$A$的编号为1，节点$E$的编号为5。

（8）有序树、无序数

如果一棵树中节点的各子树从左到右是有次序的，即若交换了节点各子树的相对位置，则构成不同的树，则称这棵树为有序树；反之，称为无序树。日常生活中，一个家族的家谱构成的树，为有序树；一个单位的各个部分构成的树，为无序树。

## 5.3.2 二叉树的基本概念

二叉树是一种最简单的树结构，特别适合计算机处理，任何树都可以简单地转换为二叉树。所以，二叉树是研究重点。

### 1. 二叉树的定义

二叉树是由$n$（$n \geq 0$）个节点构成的有限集合。当$n=0$时，称该树为空二叉树。任何一棵非空二叉树由一根节点和两棵互不相交的、分别称为根节点的左子树和右子树，如图5-26所示。

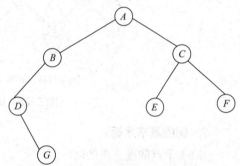

图5-26 二叉树示意图

二叉树的特点如下：

① 每个节点最多有两棵子树，所以二叉树中不存在度大于2的节点。

② 二叉树是有序的，次序不能任意颠倒，即使树中的某个节点只有一棵子树，也要区分左右子树。所以，二叉树和树是两种结构，如图5-27所示。

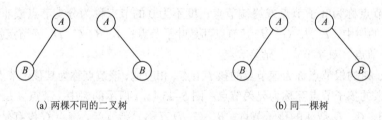

(a) 两棵不同的二叉树          (b) 同一棵树

图5-27 二叉树和树是两种树的示意图

二叉树具有5种基本形式：① 空二叉树；② 只有一个根节点；③ 根节点只有左子树；④ 根节点只有右子树；⑤ 根节点既有左子树又有右子树，如图5-28所示。

图5-28 二叉树的5种基本形式

下面介绍两种特殊的二叉树：满二叉树和完全二叉树。

① 满二叉树：若一棵二叉树中，所有分支节点都存在左子树和右子树，所有叶子节点都在同一层上，则这样的二叉树称为满二叉树，如图5-29（a）所示。图5-29（b）不是满二叉树，因为虽然所有分支节点都存在左子树和右子树，但是所有叶子节点不在同一层上。满二叉树的

特点：叶子节点只能出现在最下一层；只有度为 0 或者 2 的节点。

② 完全二叉树：若一棵二叉树具有 $n$ 个节点，按层编序号，如果编号为 $i$（$1 \le i \le n$）的节点与同样深度的满二叉树中编号为 $i$ 的节点在同一位置，这样的二叉树称为完全二叉树，如图 5-29（c）所示。显然，一棵满二叉树必定是一棵完全二叉树。完全二叉树的特点：叶子节点只能出现在最下两层，而且最下层的叶子节点都集中在二叉树左侧连续的位置；如果有度为 1 的节点，只可能有一个。

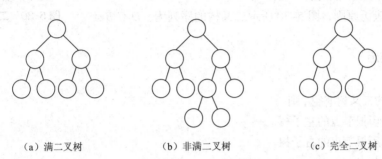

（a）满二叉树　　　　　　　（b）非满二叉树　　　　　　　（c）完全二叉树

**图 5-29　满二叉树、非满二叉树和完全二叉树**

### 2. 二叉树的基本性质

**性质 1**　在二叉树第 $i$ 层上至多有 $2^{i-1}$ 个节点（$i \ge 1$）。

**性质 2**　深度为 $k$ 的二叉树至多有 $2^k-1$ 个节点（$k \ge 1$）。

**性质 3**　对任一棵二叉树，如果其终端节点数为 $n_0$，度为 2 的节点数为 $n_2$，则有 $n_0=n_2+1$

**性质 4**　具有 $n$（$n>0$）个节点的完全二叉树的深度为 $\lfloor \log_2(n+1) \rfloor$

**性质 5**　如果对一棵有 $n$ 个节点的完全二叉树的节点按层编序号，对任一节点 $i$（$1 \le i \le n$），有：

① 如果 $i=1$，则节点 $i$ 是二叉树的根，无双亲；如果 $i>1$，则其双亲是节点 $k$，其中 $k$ 是 i/2 的整数部分。

② 如果 $2i>n$，则节点 $i$ 无左孩子；否则其左孩子是节点 $2i$。

③ 如果 $2i+1>n$，则节点 $i$ 无右孩子；否则其右孩子是节点 $2i+1$。

## 5.3.3　二叉树的遍历

按照一定的顺序（原则）对二叉树中每一个节点都访问一次且只能被访问一次，得到一个由该二叉树的所有节点组成的序列，这一过程称为二叉树的遍历。由于二叉树由根和左右子树三部分构成，因此，需要寻求一种规律和顺序来对二叉树进行遍历。常用的二叉树的遍历方法有前序遍历、中序遍历、后序遍历和按层次遍历 4 种。其中，前序遍历、中序遍历和后序遍历是以根作为参照的。

### 1. 前序遍历

原则：

若被遍历的二叉树非空，则

① 访问根节点。

② 前序遍历根节点的左子树。

③ 前序遍历根节点的右子树。

根据前序遍历原则，图 5-30 所示二叉树的层次序列为：$A\ B\ D\ G\ C\ E\ F$。

### 2. 中序遍历

原则：

若被遍历的二叉树非空，则

① 中序遍历根节点的左子树。

② 访问根节点。

③ 中序遍历根节点的右子树。

根据中序遍历原则，图 5-30 所示二叉树的序列为：$DGBA$

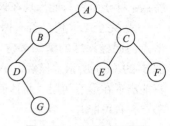

图 5-30　二叉树示意图

$ECF$。

### 3. 后序遍历

原则：

若被遍历的二叉树非空，则

① 后序遍历根节点的左子树。

② 后序遍历根节点的右子树。

③ 访问根节点。

根据后序遍历原则，图 5-30 所示二叉树的序列为：$GDBEFCA$。

### 4. 按层次遍历

原则：

从上到下从左到右依次访问二叉树中每一个节点。

根据层次遍历原则，图 5-30 所示二叉树的层次序列为：$ABCDEFG$。

## 5.4　图

### 5.4.1　图的基本概念

#### 1. 图的定义

图是一种网状数据结构，它由一个非空的顶点集合和一个描述顶点之间关系的集合组成。其形式化的定义如下：

Graph $= (V, E)$

$V = \{x \mid x \in$ 某个数据对象 $\}$

$E = \{<u, v> \mid P(u, v) \wedge (u, v \in V)\}$

其中，$V$ 是具有相同特性的数据元素的集合，$V$ 中的数据元素通常称为顶点。$E$ 是两个顶点之间关系的集合。$P(u, v)$ 表示 $u$ 和 $v$ 之间有特定的关联属性。

若顶点 $u$ 和 $v$ 之间的边没有方向，则称这条边为无向边，用一个无序对 $(u, v)$ 来表示；若从顶点 $u$ 和 $v$ 之间的边有方向，则称这条边为有向边（也称为弧），用一个有序对 $<u, v>$ 来表示，$u$ 称为弧尾，$v$ 称为弧头。如果图中顶点之间的连线都是无向边，则称该图为无向图，否则称该图为有向图。

例如，图 5-31 所示 $G_1$ 是一个无向图，$G_2$ 是一个有向图。$G_1$ 的顶点结合 $V=\{v_1, v_2, v_3, v_4, v_5\}$，边的集合 $E=\{(v_1, v_2), (v_1, v_3), (v_2, v_4), (v_2, v_5), (v_3, v_4), (v_3, v_5), (v_4, v_5)\}$；$G_2$ 的顶点结合 $V=\{v_1, v_2, v_3, v_4\}$，边的集合 $E=\{\langle v_1, v_3 \rangle, \langle v_2, v_1 \rangle, \langle v_2, v_4 \rangle, \langle v_4, v_3 \rangle\}$。

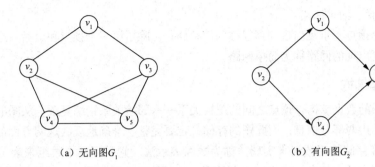

（a）无向图$G_1$           （b）有向图$G_2$

图 5-31 图的示例

## 2. 图的基本术语

（1）无向完全图、有向完全图

在无向图中，如果任意两个顶点之间都有边相连，则称该图为无向完全图。含有 $n$ 个顶点的无向完全图有 $n(n-1)/2$ 条边。

在有向图中，如果任意两个顶点之间都有弧相连，则称该图为有向完全图。含有 $n$ 个顶点的有向完全图有 $n(n-1)$ 条弧。

（2）稠密图、稀疏图

边数很少的图称为稀疏图，反之边较多的图称为稠密图。稀疏图和稠密图常常是相对而言的。

（3）顶点的度、入度、出度

在无向图中，顶点 $v$ 的度是指依附于顶点 $v$ 的边的个数，通常记为 TD($v$)。如图 5–31(a) 所示，TD($v_1$)=2，TD($v_2$)=3，TD($v_3$)=3，TD($v_4$)=3，TD($v_5$)=3。

在有向图中，顶点的度等于顶点的入度与顶点的出度之和。顶点 $v$ 的入度是指以该顶点 $v$ 为弧头的弧的数目，记为 ID($v$)。顶点 $v$ 的出度是指以该顶点 $v$ 为弧尾的弧的数目，记为 OD($v$)。如图 5–31(b) 所示：

ID($v_1$)=1，OD($v_1$)=1；

ID($v_2$)=0，OD($v_2$)=2；

ID($v_3$)=2，OD($v_3$)=0；

ID($v_4$)=1，OD($v_4$)=1。

（4）权、网

在图中，权通常指对边或弧赋予的数值量。在实际问题中，权可以表示具体含义。例如，对于铁路交通图，边上的权表示该条线路的长度或等级。对于工程进度图，弧上的权值表示从前一个工程到后一个工程所需要的时间等。边或弧上带权的图称为网或网络。图 5–32 所示为一个无向网。

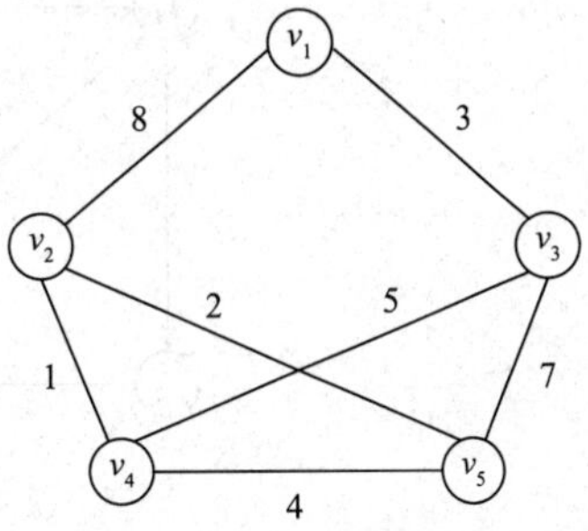

（5）路径、路径长度

在无向图 $G$ 中，若存在一个顶点序列 $v_p$，$v_{i1}$，$v_{i2}$，…，$v_{im}$，$v_q$，使得 $(v_p, v_{i1})$，$(v_{i1}, v_{i2})$，…，$(v_{im}, v_q)$ 均属于 $E(G)$，则称顶点 $v_p$ 到 $v_q$ 存在一条路径；如果 $G$ 为有向图，则弧 $<v_p, v_{i1}>$，$<v_{i1}, v_{i2}>$，…，$<v_{im}, v_q>$ 均属于 $E(G)$。路径上边或弧的数目称为路径长度。

图 5-32 一个无向网

（6）简单路径、简单回路

在一条路径上顶点不重复出现的路径称为简单路径。除了第一个顶点和最后一个顶点相同，其余顶点都不重复出现的回路称为简单回路。

## 5.4.2 图的存储结构

图是一种复杂的数据结构，顶点之间的逻辑关系——邻接关系错综复杂。从图的定义可知，一个图包含顶点和边两部分信息，因此图的存储一定要完整、准确地反映这两方面的信息。

图的邻接矩阵存储使用数组来实现，称为数组表示法。它采用两个数组来表示图，其中一维数组用于存储图中顶点信息；二维数组存储图中边的信息（即各顶点之间的邻接关系），这个二维数组称为邻接矩阵。

设 $G=(V, E)$ 是一个图，有 $n$ 个顶点，则邻接矩阵是一个 $n \times n$ 的方阵，定义为：

$$A[i][j] = \begin{cases} 1 & ，若 (u,v) \in E 或 <u,v> \in E \\ 0 & ，否则 \end{cases}$$

一个无向图及其邻接矩阵如图 5-33 所示。

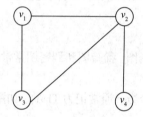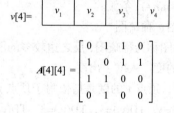

（a）无向图　　　　　　　　（b）邻接矩阵存储示意图

图 5-33 无向图及其邻接矩阵存储示意图

若 $G$ 是一个网，则邻接矩阵定义为：

$$A[i][j] = \begin{cases} \omega_{ij} & ，若 (u,v) \in E 或 <u,v> \in E \\ 0 & ，若 i = j \\ \infty & ，否则 \end{cases}$$

其中，$\omega_{ij}$ 表示边 $(u,v)$ 或者弧 $<u,v>$ 上的权值；$\infty$ 表示计算机允许的、大于所有边上权值的数。一个有向网及其邻接矩阵如图 5-34 所示。

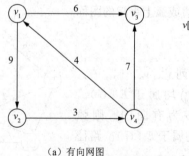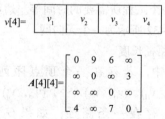

（a）有向网图　　　　　　　　（b）邻接矩阵存储示意图

图 5-34 有向网及其邻接矩阵存储示意图

显然，无向图的邻接矩阵一定是对称矩阵，而有向图的邻接矩阵则不一定对称。

通过邻接矩阵确定图中任意两个顶点之间是否有边相连很容易，但要确定图中的边数，则必须按行、按列对每个元素进行检测，时间代价花费很大。从空间上看，不论顶点 $u$、$v$ 之间是否存在一条边，在邻接矩阵中都要分配存储空间。因为每条边所需的存储空间为常数，所以邻接矩阵需要占用 $O(n^2)$ 的空间，效率较低。具体来说，邻接矩阵的不足主要表现在两方面：

① 尽管由 $n$ 个顶点构成的图中最多可以有 $n^2$ 条边，但是在大多数情况下，边的数目远远达不到这个量级，因此邻接矩阵中大多数存储单元都处于闲置状态。

② 矩阵结构是静态的，其存储空间 $n$ 需要预估，然后创建 $n \times n$ 的矩阵。然而，图的规模往往是动态变化的，$n$ 的估计过大会造成存储空间浪费；反之，会出现存储空间不足。

### 5.4.3 图的遍历

对于图的遍历，通常有两种方法：深度优先遍历和广度优先遍历。这两种遍历方法对有向图和无向图均适用。

#### 1. 深度优先遍历

深度优先遍历类似于树的前序遍历，是树的前序遍历的推广。深度优先遍历的基本方法是：从图中某个顶点发 $v$ 出发，访问此顶点，然后依次从 $v$ 的未被访问的邻接点出发深度优先遍历图，直至图中所有和 $v$ 有路径相通的顶点都被访问到。若此时图中还有顶点未被访问，则另选图中一个未曾被访问的顶点作起始点，重复上述过程，直至图中所有顶点都被访问到为止。

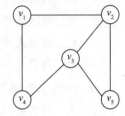

图 5-35 无向图

根据深度优先遍历原则，图 5-35 所示无向图的遍历序列为 $v_1$、$v_2$、$v_3$、$v_4$、$v_5$。

#### 2. 广度优先遍历

广度优先遍历类似于树的层次遍历，它是树的按层遍历的推广。广度优先遍历的基本方法是：从图中某顶点 $v$ 出发，访问完 $v$ 之后依次访问 $v$ 的各个未被访问过的邻接点，然后分别从这些邻接点出发依次访问它们的邻接点，直至图中所有已被访问的顶点的邻接点都被访问过。若此时图中还有顶点未被访问，则另选图中一个未曾被访问的顶点作起始点。重复上述过程，直至图中所有顶点都被访问到为止。

根据广度优先遍历原则，图 5-35 所示无向图的遍历序列为 $v_1$、$v_2$、$v_4$、$v_3$、$v_5$。

在日常生活中，图的例子有很多。例如，设计一个校园导游咨询系统，所含景点不少于 10 个，不大于 20 个。以图中顶点表示学校各景点，存放景点名称、代号、简介等信息；以边表示路径，存放路径长度等相关信息。咨询系统为访客人提供图中任意景点的问路查询，即查询任意两个景点之间的一条最短的简单路径，也可以为访客提供图中任意景点的相关信息的查询。

## 小结

本章主要介绍了数据的逻辑结构和存储结构；线性表、栈、队列等线性结构的定义、存储结构以及相应的运算；树、二叉树的定义、性质、遍历等操作；图的定义、遍历等内容。通过本章的学习，学生能够根据实际应用中对数据处理的要求，为数据选择合适的逻辑结构和存储结构，选择较好的数据处理方法。具备基于计算机科学与技术相关背景知识进行合理分析的能力，能够评价计算机科学与技术专业工程实践和复杂工程问题解决方案对社会、健康、安全、法律及文化的影响，并理解因实施解决方案可能产生的后果及应承担的责任。

## 习题五

### 一、选择题

1. 线性表是_____。
   A. 一个有限序列，可以为空　　　　　B. 一个有限序列，不可以为空
   C. 一个无限序列，可以为空　　　　　D. 一个无限序列，不可以为空

2. 线性表采用链式存储时，其地址_____。
   A. 必须是连续的　　　　　　　　　　B. 一定是不连续的
   C. 部分地址必须是连续的　　　　　　D. 连续与否均可以

3. 以下关于线性表的说法不正确的是_____。
   A. 线性表中的数据元素可以是数字、字符、记录等不同类型
   B. 线性表中包含的数据元素个数不是任意的
   C. 线性表中的每个节点都有且只有一个直接前驱和直接后继
   D. 存在这样的线性表：表中各节点都没有直接前驱和直接后继

4. 线性表的顺序存储结构是一种_____的存储结构。
   A. 随机存取　　　B. 顺序存取　　　　C. 索引存取　　　　D. 散列存取

5. 在_____运算中，使用顺序表比链表好。
   A. 插入　　　　　　　　　　　　　　B. 删除
   C. 根据序号查找　　　　　　　　　　D. 根据元素值查找

6. 链表不具有的特点是_____。
   A. 可随机访问任一元素　　　　　　　B. 插入、删除不需要移动元素
   C. 不必事先预估存储空间　　　　　　D. 所需空间与线性长度成正比

7. 设计一个表达式中左右括号是否配对的算法，采用_____数据结构最佳。
   A. 顺序表　　　　　B. 栈　　　　　　C. 队列　　　　　　D. 链表

8. 在解决计算机主机与打印机之间速度不匹配问题时通常设置一个打印缓冲区，该缓冲区应该是一个_____结构。
   A. 栈　　　　　　　B. 队列　　　　　C. 数组　　　　　　D. 线性表

9. 栈和队列的主要区别在于_____。
   A. 它们的逻辑结构不一样　　　　　　B. 它们的存储结构不一样
   C. 所包含的运输不一样　　　　　　　D. 插入、删除运算的限定不一样

10. 二叉树是非线性数据结构，所以_____。
   A. 它不能用顺序存储结构存储
   B. 它不能用链式存储结构存储

C. 顺序存储结构和链式存储结构都能存储

D. 顺序存储结构和链式存储结构都不能存储

11. 深度优先遍历类似于二叉树的_____。

A. 前序遍历　　　B. 中序遍历　　　　C. 后序遍历　　　D. 层序遍历

12. 广度优先遍历类似于二叉树的_____。

A. 前序遍历　　　B. 中序遍历　　　　C. 后序遍历　　　D. 层序遍历

## 二、判断题

1. 线性表的逻辑顺序和存储顺序总是一致的。　　　　　　　　　　　　　（　　　）

2. 线性表的顺序存储结构优于链式存储结构。　　　　　　　　　　　　　（　　　）

3. 线性结构的基本特征是：每个元素有且仅有一个直接前驱和一个直接后继。（　　　）

4. 在单链表中，要取得某个元素，只要知道该元素所在节点的地址即可，因此单链表是随机存取结构。　　　　　　　　　　　　　　　　　　　　　　　　　（　　　）

5. 数据元素是数据的最小单位。　　　　　　　　　　　　　　　　　　　（　　　）

6. 顺序存储方式插入和删除时，效率太低，因此它不如链式存储方式好。（　　　）

7. 在栈满的情况下不能做进栈操作，否则将产生"上溢"。　　　　　　　（　　　）

8. 栈中只有栈底元素不能被删除。　　　　　　　　　　　　　　　　　　（　　　）

9. 栈和队列逻辑上都是线性的。　　　　　　　　　　　　　　　　　　　（　　　）

10. 若一个栈为空，则可以不用栈顶指针。　　　　　　　　　　　　　　（　　　）

11. 二叉树是度为 2 的树。　　　　　　　　　　　　　　　　　　　　　（　　　）

12. 完全二叉树中，若一个节点没有左孩子，则它必是叶子节点。　　　　（　　　）

13. 完全二叉树一定存在度为 1 的节点。　　　　　　　　　　　　　　　（　　　）

14. 有向图是一种非线性数据结构。　　　　　　　　　　　　　　　　　（　　　）

## 三、简答题

1. 请说明顺序表的优缺点。

2. 请说明单链表的优缺点。

3. 什么是栈？什么是队列？

4. 树和二叉树之间有什么区别与联系？

5. 什么是满二叉树？简述其特点。

6. 什么是完全二叉树？简述其特点。

7. 什么是有向图？什么是无向图？

# 第6章

# 计算机网络

## 引言

计算机网络是计算机技术和通信技术紧密结合的产物，它的诞生使计算机体系结构发生了巨大变化，在当今社会经济中起着非常重要的作用，它对人类社会的进步做出了巨大贡献。本章主要介绍计算机网络的基本概念、组成和分类，因特网、移动通信技术和物联网。

## 内容结构图

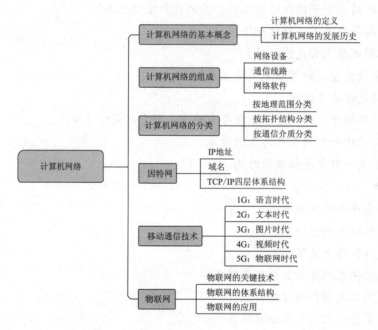

## 学习目标

- 了解计算机网络的定义和发展历史；
- 掌握计算机网络的组成和分类；
- 掌握 IP 地址的表示方法和域名的层次表示法，理解 TCP/IP 四层体系结构；
- 了解移动通信技术、物联网的关键技术和应用，理解物联网的体系结构。

## 6.1 计算机网络的基本概念

### 6.1.1 计算机网络的定义

在计算机网络发展过程的不同阶段，人们对计算机网络提出了不同的定义，不同的定义反映了当时网络技术发展的水平，以及人们对网络的认识程度。

通常采用的计算机网络的定义是：利用通信设备和线路将地理位置不同的、功能独立的多个计算机系统连接起来，以功能完善的网络软件实现网络的硬件、软件及资源共享和信息传递的系统。简单地说即连接两台或多台计算机进行通信的系统。

### 6.1.2 计算机网络的发展历史

计算机网络的发展过程是计算机与通信的融合过程，大致经历了如下 4 个阶段：

**1. 计算机网络的形成**

1946 年，世界上第一台电子计算机 ENIAC 在美国诞生，计算机技术与通信技术并没有直接的联系。20 世纪 50 年代初，美国为了自身的安全，在本土北部和加拿大境内，建立了一个半自动地面防空系统，简称 SAGE（赛其）系统，进行了计算机技术与通信技术相结合的尝试。人们把这种以单个计算机为中心的联机系统称为面向终端的远程联机系统，该系统是计算机技术与通信技术相结合而形成的计算机网络的雏形。

**2. 初级计算机网络**

1969 年 12 月，Internet 的前身——由美国国际部高级研究计划署为冷战目的而研制的 ARPANET 开始投入运行，它标志着计算机网络的兴起。这个计算机互联的网络系统是一种分组交换网系统。分组交换技术使计算机网络的概念、结构和网络设计方面都发生了根本性的变化，也为后来的计算机网络打下了基础。

**3. 标准化计算机网络**

20 世纪 70 年代中期，国际上的各种广域网、局域网与公用分组交换网发展十分迅速，各个计算机生产厂商纷纷开发各自的计算机网络系统，但随之而来的是网络体系结构与网络协议的国际标准化问题。国际标准化组织（International Standards Organization，ISO）提出了开放系统互连参考模型与协议。这一时期的计算机网络是开放式计算机网络，所有的计算机网络和通信设备都遵循着公认的国际标准，从而可以保证不同厂商的网络产品在同一网络中顺利地进行通信。

**4. 新一代计算机网络**

20 世纪 90 年代，计算机网络开始向全球互联、高速和智能化的方向发展。全球以美国为核心的高速计算机互联网络（即 Internet）形成，作为国际性的网际网与大型信息系统，正在当今经济、文化、科学研究、教育与人类社会生活等方面发挥着越来越重要的作用。宽带网络技术的发展，为社会信息化提供了技术基础，网络与信息安全技术为网络应用提供了重要的安全保障。基于光纤通信技术的宽带城域网与接入技术，以及移动计算网络、网络多媒体计算、网络并行计算、网格计算与存储区域网络正在成为网络应用与研究的热点。

## 6.2 计算机网络的组成

由计算机网络的定义可知，计算机网络至少由网络设备、通信线路及网络软件三部分组成。

### 6.2.1 网络设备

网络设备是连接到网络中的物理实体。网络设备的种类繁多，基本的网络设备有计算机（客户机、服务器）、网卡、集线器、交换机、网桥、路由器、网关、无线接入点、调制解调器和中继器等。

#### 1. 计算机

计算机包括客户机和服务器。客户机是为网上用户提供服务的计算机，可以单独使用或联网使用，也称网络工作站，或网络节点。服务器是为客户提供服务的计算机，具有较高的运算速度和较大的存储容量，存放了大量的软件资源供客户机共享。客户机通过局域网与服务器相连，接受用户的请求，并通过网络向服务器提出请求。服务器接受客户机的请求，将数据提交给客户机，客户机将数据进行计算并将结果呈现给用户。

#### 2. 网卡

网卡也称网络适配器，是计算机之间实现通信的必不可少的接口，如图 6-1 所示。它一端插入计算机主板的扩展槽中，另一端与电缆相连。每一个网卡都有一个称为 MAC 地址的独一无二的 48 位串行号，它写在卡上的一块 ROM 中。在网络上的每一台计算机都必须拥有一个独一无二的 MAC 地址。

#### 3. 集线器

集线器（Hub）的主要功能是对接收到的信号进行再生整形放大，以扩大网络的传输距离，同时把所有节点集中在以它为中心的节点上，如图 6-2 所示。

图 6-1　网卡　　　　　　　　　　　　　　图 6-2　集线器

集线器属于纯硬件网络底层设备，它发送数据时采用广播方式发送，也就是说当它要向某节点发送数据时，不是直接把数据发送到目的节点，而是把数据包发送到与集线器相连的所有节点。

Hub 是一个多端口的转发器，当以 Hub 为中心设备时，网络中某条线路产生了故障，并不影响其他线路的工作。所以，Hub 在局域网中得到了广泛应用。

#### 4. 交换机

交换机（Switch）是一种用于电（光）信号转发的网络设备，如图 6-3 所示。

交换机有多个端口，每个端口都具有桥接功能，可以连接一个局域网或一台高性能服务器或工作站。网络交换机，是一个扩大网络的器材，能为子网络中提供更多的连接端口，以便连接更多的计算机。随着通信业的发展以及国民经济信息化的推进，网络交换机市场呈稳步上升态势。它具有性价比高、高度灵活、相对简单和易于实现等特点。

#### 5. 网桥

网桥（Bridge）包含了中继器的功能和特性，不仅可以连接多种介质，还能连接不同的物理分支，如以太网和令牌网，能将数据包在更大的范围内传送。网桥的典型应用是将局域网分段成子网，从而降低数据传输的瓶颈，这样的网桥叫"本地"桥。用于广域网上的网桥叫作"远地"桥。两种类型的桥执行同样的功能，只是所用的网络接口不同。网桥如图 6-4 所示。

图 6-3　交换机

图 6-4　网桥

#### 6. 路由器

路由器（Router）通过在相对独立的网络中交换具体协议的信息来实现在多个网络上交换和路由数据包。比起网桥，路由器不但能过滤和分隔网络信息流、连接网络分支，还能访问数据包中更多的信息，并且用来提高数据包的传输效率。

路由表包含有网络地址、连接信息、路径信息和路由开销等。

路由器比网桥慢，主要用于广域网或广域网与局域网的互联。路由器如图 6-5 所示。

#### 7. 网关

网关（Gateway）又称网间连接器、协议转换器，是复杂的网络互联设备。网关既可以用于广域网互联，也可以用于局域网互联，是一种充当转换重任的计算机系统或设备。网关是一个翻译器，使用在不同的通信协议、数据格式或语言，甚至体系结构完全不同的两种系统之间。网关如图 6-6 所示。

图 6-5　路由器

图 6-6　网关

### 8. 无线接入点

无线接入点（Wireless Access Point）是一个无线网络的接入点，俗称"热点"，如图 6-7 所示，主要包含路由交换接入一体设备和纯接入点设备。一体设备执行接入和路由工作，纯接入设备只负责无线客户端的接入，通常作为无线网络扩展使用，与其他 AP 或者主 AP 连接，以扩大无线覆盖范围，而一体设备一般是无线网络的核心。

### 9. 调制解调器

调制解调器是调制器和解调器的缩写，是一种计算机硬件。它能把计算机的数字信号翻译成可沿普通电话线传送的模拟信号，而这些模拟信号又可被线路另一端的另一个调制解调器接收，并译成计算机可懂的语言。这一简单过程完成了两台计算机间的通信。图 6-8 所示为调制解调器。

图 6-7 无线接入点

图 6-8 调制解调器

### 10. 中继器

中继器（Repeater）是连接网络线路的一种装置，常用于两个网络节点之间物理信号的双向转发工作，如图 6-9 所示。中继器主要完成物理层的功能，负责在两个节点的物理层上按位传递信息，完成信号的复制、调整和放大功能，以此来延长网络的长度。由于存在损耗，在线路上传输的信号功率会逐渐衰减，衰减到一定程度时将造成信号失真，因此会导致接收错误。中继器就是为解决这一问题而设计的，它完成物理线路的连接，对衰减的信号进行放大，保持与原数据相同。一般情况下，中继器的两端连接的是相同的媒体，但有的中继器也可以完成不同媒体的转接工作。

## 6.2.2 通信线路

通信线路是指计算机网络的信息传输介质，常用的传输介质分为有线介质和无线介质。

常见的有线介质有双绞线、同轴电缆和光缆，常用的无线介质有微波、无线电波、红外线、卫星和激光等。

双绞线（Twisted Pair，TP）是一种综合布线工程中最常用的传输介质，由两根具有绝缘保护层的铜导线组成。双绞线一般由两根 22~26 号绝缘铜导线相互缠绕而成，双绞线的名字也由此而来。把两根绝缘的铜导线按一定密度互相绞在一起，每一根导线在传输中辐射出来的电波会被另一根线上发出的电波抵消，有效降低信号干扰的程度。

实际使用时，双绞线是由多对双绞线一起包在一个绝缘电缆套管里的。如果把一对或多对双绞线放在一个绝缘套管中便成了双绞线电缆，但日常生活中一般把"双绞线电缆"直接称为"双绞线"，如图 6-10 所示。

图 6-9　中继器

图 6-10　双绞线

与其他传输介质相比，双绞线在传输距离、信道宽度和数据传输速率等方面均受到一定限制，但价格较为低廉。

同轴电缆（Coaxial Cable）是指有两个同心导体，而导体和屏蔽层又共用同一轴心的电缆，如图 6-11 所示。最常见的同轴电缆由绝缘材料隔离的铜线导体组成，在里层绝缘材料的外部是另一层环形导体及其绝缘体，然后整个电缆由聚氯乙烯或特氟纶材料的护套包住。

同轴电缆被电视公司用于电视用户和社区天线之间，也可以被电话公司使用，也被广泛使用在企业内部网和以太网中。许多电缆可以被放进同一个绝缘皮内，加上放大器，就可以传输信号到很远的地方。

光缆主要是由光导纤维（细如头发的玻璃丝）和塑料保护套管及塑料外皮构成，用以实现光信号传输的一种通信线路，如图 6-12 所示。光缆的基本结构一般是由缆芯、加强钢丝、填充物和护套等几部分组成。另外，根据需要还有防水层、缓冲层、绝缘金属导线等构件。

图 6-11　同轴电缆

图 6-12　光缆

1—里层导体；2—里层绝缘材料；
3—外层环形导体；4—外层绝缘体

### 6.2.3　网络软件

构建一个网络，除了硬件设备外，还需要网络软件，它包括网络通信协议、网络操作系统及网络应用软件等。网络通信协议是指计算机通信双方必须遵循的一组规范，常见的协议有 TCP/IP 协议、HTTP 协议等。网络操作系统一般具有网络资源管理功能，提供网络互联和可靠的数据传输。常见的网络操作系统有 UNIX、Novell、Windows Server、Linux 等。网络应用软件提供各种网络应用，如财务系统、自动化办公系统、网络运维系统等。

## 6.3　计算机网络的分类

根据分类标准不同，计算机网络的分类方式繁多，常见的有以下几种分类方式：

### 6.3.1　按地理范围分类

按照覆盖的地理范围进行分类，计算机网络可以分为局域网、城域网和广域网三类。

### 1. 局域网

局域网（Local Area Network, LAN）是一种在小区域内使用的，由多台计算机组成的网络，覆盖范围通常局限在 10 km 范围之内，属于一个单位或部门组建的小范围网。例如，内蒙古农业大学计算机学院的每一个机房里的计算机构成了一个小型的局域网，计算机学院整个楼里的所有计算机构成了一个较大的局域网，内蒙古农业大学 3 个校区的所有计算机构成了一个更大的局域网，即校园网，所有连接到校园网中的计算机之间都可以共享资源、互相通信。

### 2. 城域网

城域网（Metropolitan Area Network, MAN）是作用范围在广域网与局域网之间的网络，其网络覆盖范围通常可以延伸到整个城市，不仅局域网内的资源可以共享，局域网之间的资源也可以共享。例如，呼和浩特市互联的所有计算机构成了城域网。

### 3. 广域网

广域网（Wide Area Network, WAN）是一种远程网，涉及长距离通信，覆盖范围可以是一个国家或多个国家，甚至整个世界。全球范围互联在一起的计算机构成了一个最大的广域网，即因特网。

## 6.3.2 按拓扑结构分类

计算机网络的拓扑结构，是指网上计算机或设备与传输媒介形成的节点与线的物理构成模式。网络的节点有两类：一类是转换和交换信息的转接节点，包括节点交换机、集线器和终端控制器等；另一类是访问节点，包括计算机主机和终端等。线则代表各种传输媒介，包括有形的和无形的。

根据计算机网络的拓扑结构，计算机网络分为总线拓扑、星状拓扑、环状拓扑、树状拓扑、网状拓扑和混合拓扑。

### 1. 总线拓扑

总线拓扑结构采用一个信道作为传输媒体，所有站点都通过相应的硬件接口直接连到这一公共传输媒体上，该公共传输媒体即称为总线，如图 6-13 所示。任何一个站点发送的信号都沿着传输媒体传播，而且能被所有其他站点所接收。

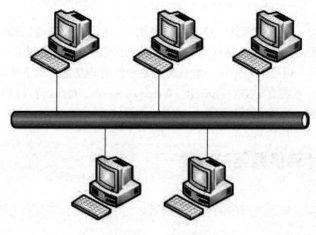

图 6-13　总线拓扑

因为所有站点共享一条公用的传输信道，所以一次只能由一个设备传输信号。通常采用分布式控制策略来确定哪个站点可以发送。发送时，发送站将报文分组，然后逐个依次发送这些分组，有时还要与其他站点来的分组交替地在媒体上传输。当分组经过各站点时，其中的目的站点会识别到分组所携带的目的地址，然后复制这些分组的内容。

总线拓扑结构的优点：

① 总线结构所需要的电缆数量少，线缆长度短，易于布线和维护。

② 总线结构简单，有较高的可靠性。

③ 传输速率高，可达 1~100 Mbit/s。

④ 易于扩充，增加或减少用户比较方便。

⑤ 多个节点共用一条传输信道，信道利用率高。

总线拓扑结构的缺点：

① 总线的传输距离有限，通信范围受到限制。

② 故障诊断和隔离较困难。

③ 分布式协议不能保证信息的及时传送，不具有实时功能。站点必须是智能的，要有媒体访问控制功能，从而增加了站点的硬件和软件开销。

### 2. 星状拓扑

星状拓扑是由中央节点和通过点到点通信链路连接到中央节点的各个站点组成，如图 6-14 所示。中央节点执行集中式通信控制策略，因此中央节点相当复杂，而各个站点的通信处理负担都很小。这种结构一旦建立了通道连接，就可以无延迟地在连通的两个站点之间传送数据。

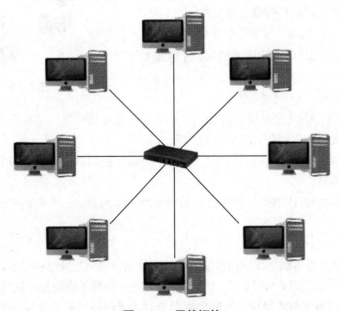

**图 6-14 星状拓扑**

星状拓扑结构的优点：

① 结构简单，连接方便，管理和维护都相对容易，而且扩展性强。

② 网络延迟时间较小，传输误差低。

③ 在同一网段内支持多种传输介质，除非中央节点出现故障，否则网络不会轻易瘫痪。

④ 每个节点直接连到中央节点，故障容易检测和隔离，可以很方便地排除有故障的节点。

因此，星状网络拓扑结构是应用最广泛的一种网络拓扑结构。

星状拓扑结构的缺点：

① 安装和维护的费用较高。

② 共享资源的能力较差。

③ 一条通信线路只被该线路上的中央节点和边缘节点使用，通信线路利用率不高。

④ 对中央节点要求相当高，一旦中央节点出现故障，整个网络将瘫痪。

星状拓扑结构广泛应用于网络的智能集中于中央节点的场合。从趋势看，计算机的发展已从集中的主机系统发展到大量功能很强的微型机和工作站，在这种形势下，传统的星状拓扑的使用会有所减少。

### 3. 环状拓扑

在环状拓扑中各节点通过环路接口连在一条首尾相连的闭合环状通信线路中，如图 6-15 所示。环路上任何节点均可以请求发送信息，请求一旦被批准，便可以发送，环状网中的数据可以是单向传输，也可是双向传输。由于环线公用，一个节点发出的信息必须穿越环中所有的环路接口，信息流中目的地址与环上某节点地址相符时，信息被该节点的环路接口所接收，而后信息继续流向下一环路接口，一直流回到发送该信息的环路接口节点为止。

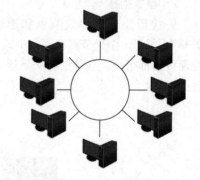

环状拓扑的优点：

① 电缆长度短。环状拓扑网络所需的电缆长度和总线拓扑网络相似，但比星状拓扑网络要短得多。

② 增加或减少工作站时，仅需要简单的连接操作。

③ 可使用光纤。光纤的传输速率很高，十分适合于环状拓扑的单方向传输。

图 6-15 环状拓扑

环状拓扑的缺点：

① 节点的故障会引起全网故障。这是因为环上的数据传输要通过接在环上的每一个节点，一旦环中某一节点发生故障就会引起全网的故障。

② 故障检测困难。这与总线拓扑相似，因为不是集中控制，故障检测需要在网上各个节点进行，因此就不很容易。

③ 环状拓扑结构的媒体访问控制协议都采用令牌传递的方式，在负载很轻时，信道利用率相对就比较低。

### 4. 树状拓扑

树状拓扑可以认为是多级星状结构组成的，只不过这种多级星状结构自上而下呈三角形分布的，就像一棵树一样，最顶端的枝叶少些，中间的枝叶多些，而最下面的枝叶最多，如图 6-16 所示。树的最下端相当于网络中的边缘层，树的中间部分相当于网络中的汇聚层，而树的顶端则相当于网络中的核心层。它采用分级的集中控制方式，其传输介质可有多条分支，但不形成闭合回路，每条通信线路都必须支持双向传输。

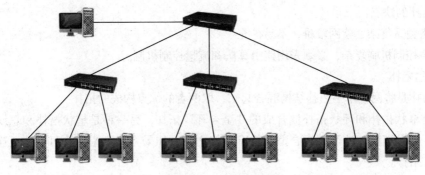

图 6-16　树状拓扑

树状拓扑的优点：

① 易于扩展。这种结构可以延伸出很多分支和子分支，这些新节点和新分支都能容易地加入网内。

② 故障隔离较容易。如果某一分支的节点或线路发生故障，很容易将故障分支与整个系统隔离开。

树状拓扑的缺点：

各个节点对根的依赖性太大，如果根发生故障，则全网不能正常工作。从这一点来看，树状拓扑结构的可靠性类似于星状拓扑结构。

5．网状拓扑

在网状拓扑结构中，网络的每台设备之间均有点对点的链路连接，如图 6-17 所示。这种结构在广域网中得到了广泛应用，它的优点是不受瓶颈问题和失效问题的影响。由于节点之间有许多条路径相连，可以为数据流的传输选择适当的路由，从而绕过失效的部件或过忙的节点。这种结构虽然比较复杂，成本也比较高，提供上述功能的网络协议也较复杂，但由于它的可靠性高，仍然受到用户的欢迎。

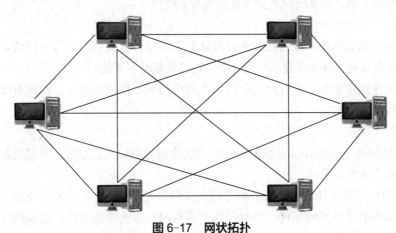

图 6-17　网状拓扑

网状拓扑的优点：

① 节点间路径多，碰撞和阻塞减少。

② 局部故障不影响整个网络，可靠性高。

网状拓扑的缺点：

① 网络关系复杂，建网较难，不易扩充。

② 网络控制机制复杂，必须采用路由算法和流量控制机制。

### 6. 混合拓扑

混合拓扑是将两种单一拓扑结构混合起来，取两者的优点构成的拓扑。

一种是星状拓扑和环状拓扑混合成的"星－环"拓扑，另一种是星状拓扑和总线拓扑混合成的"星－总"拓扑。这两种混合型结构有相似之处，如果将总线拓扑的两个端点连在一起就变成了环状拓扑。

混合拓扑的优点：

① 故障诊断和隔离较为方便。一旦网络发生故障，只要诊断出哪个网络设备有故障，将该网络设备和全网隔离即可。

② 易于扩展。要扩展用户时，可以加入新的网络设备，也可在设计时，在每个网络设备中留出一些备用的可插入新站点的连接口。

③ 安装方便。网络的主链路只要连通汇聚层设备，然后再通过分支链路连通汇聚层设备和接入层设备。

混合拓扑的缺点：

① 需要选用智能网络设备，实现网络故障自动诊断和故障节点的隔离，网络建设成本比较高。

② 像星状拓扑结构一样，汇聚层设备到接入层设备的线缆安装长度会增加较多。

小的办公局域网以星状居多，一台交换机，多机互连。总线拓扑过去用同轴电缆时建设小型局域网用，不需要交换机。星状、总线和环状 3 种网络经常被综合应用，大型网络都是混合型，其中"星－总"混合型居多。

## 6.3.3 按通信介质分类

根据通信介质不同，计算机网络分为有线网和无线网。

### 1. 有线网

有线网是采用同轴电缆、双绞线和光纤等物理介质来传输数据的计算机网络。因特网的很多基础结构都是有线的，在无线技术出现之前，局域网都是有线的。

现在，有线连接在家庭、学校及企业网络中的应用不如以前频繁了，然而有线技术仍然是一种值得选用的网络技术。

有线网络的优点：

① 有线连接快速、安全并且容易配置。有线连接通过电缆传输数据，电缆通常会有更高的带宽和更好的抗干扰性。

② 有线网络的速度在读取本地服务器上的大文件时尤为突出。有线网络也能为局域网的多人计算机游戏提供更快的基础结构，但对于基于因特网的多人游戏来说，通常因特网的连接速度才是限制因素。

③ 有线连接比无线连接更安全，因为计算机只能通过电缆连接到有线网络。

有线网络的缺点：

① 电缆是它的主要缺点，连着电缆的设备的移动性很有限。桌面计算机往往更适合使用有

线连接，而笔记本计算机和手持设备只有在不受电缆限制时才能保有其移动性。

② 电缆不够美观，往往缠成一团，并且会积聚灰尘。在天花板、墙壁和地板上布设电缆可能会很困难。

以太网是一种计算机局域网的有线连接技术。IEEE 组织的 IEEE 802.3 标准制定了以太网的技术标准，它规定了包括物理层的连线、电子信号和介质访问层协议的内容。以太网是目前应用最普遍的局域网技术。

以太网采用带冲突检测的载波帧听多路访问（CSMA/CD）机制，以太网中节点都可以看到在网络中发送的所有信息，因此，以太网是一种广播网络。

当以太网中的一台主机要传输数据时，将按如下步骤进行：

① 帧听信道上是否有信号在传输。如果有，表明信道处于忙状态，就继续帧听，直到信道空闲为止。

② 如果没有帧听到任何信号，就传输数据。

③ 传输时继续帧听，如果发现冲突则执行退避算法，随机等待一段时间后，重新执行步骤①。

④ 如果未发现冲突则发送成功，所有计算机试图再一次发送数据之前，必须在最近一次发送后等待 9.6 μs（以 10 Mbit/s 运行）。其目的是为了使刚刚收到数据帧的站的接收缓存来得及清理，做好接收下一帧的准备。

### 2. 无线网

无线网络是采用卫星、微波等无线形式来传输数据的计算机网络。

无线网络技术涵盖的范围很广，既包括允许用户建立远距离无线连接的全球语音和数据网络，也包括为近距离无线连接进行优化的红外线及射频技术。

与有线网相比，无线网有下列优点：

① 可移动性强，能突破时空的限制。无线网络是通过发射无线电波来传递网络信号的，只要处于发射的范围之内，人们就可以利用相应的接收设备来实现对相应网络的连接。这极大地摆脱了空间和时间方面的限制，是传统网络所无法做到的。

② 网络扩展性能相对较强。与有线网络不一样的是，无线网络突破了有线网络的限制，其可以随时通过无线信号进行接入，其网络扩展性能相对较强，可以有效实现网络工作的扩展和配置的设置等。用户在访问信息时也会变得更加高效和便捷。无线网络不仅扩展了人们使用网络的空间范围，而且还提升了网络的使用效率。

③ 设备安装简易、成本低廉。通常来说，安装有线网络的过程是较为复杂烦琐的，有线网络除了要布置大量的网线和网线接头，其后期的维护费用也非常高。而无线网络则无须布设大量的网线，安装一个无线网络发射设备即可，同时这也为后期网络维护创造了非常便利的条件，极大地降低了网络前期安装和后期维护的成本费用。

与有线网络相比，无线网络的主要特点是完全消除了有线网络的局限性，实现了信息的无线传输，使人们更自由地使用网络。同时，网络运营商操作也非常方便。首先，线路建设成本降低，运行时间缩短，成本回报和利润生产相对较快。这些优势包括改进了管理员的无线信息传输管理，并为网络中没有空间限制的用户提供了更大的灵活性。

无线局域网在能够给网络用户带来便捷和实用的同时，也存在着一些缺陷。

① 性能：无线局域网是依靠无线电波进行传输的，这些电波通过无线发射装置进行发射，而建筑物、车辆、树木和其他障碍物都可能阻碍电磁波的传输，所以会影响网络的性能。

② 速率：无线信道的传输速率与有线信道的传输速率相比要低一些。例如，无线标准802.11n，无线传输速率是 300 Mbit/s，一般的双绞线可以达到 1 000 Mbit/s。

③ 安全性：本质上无线电波不要求建立物理的连接通道，无线信号是发散的。从理论上讲，很容易监听到无线电波广播范围内的任何信号，造成通信信息泄露。

蓝牙是一种支持设备短距离通信（一般 10 m 内）的无线电技术，能在包括移动电话、PDA、无线耳机、笔记本计算机、相关外设等众多设备之间进行无线信息交换。利用"蓝牙"技术，能够有效地简化移动通信终端设备之间的通信，也能够成功地简化设备与因特网之间的通信，从而使数据传输变得更加迅速高效，为无线通信拓宽道路。

蓝牙作为一种小范围无线连接技术，能在设备间实现方便快捷、灵活安全、低成本、低功耗的数据通信和语音通信，因此它是目前实现无线局域网通信的主流技术之一。

蓝牙技术是一种无线数据与语音通信的开放性全球规范，它以低成本的近距离无线连接为基础，为固定与移动设备通信环境建立一个特别连接。其实质内容是为固定设备或移动设备之间的通信环境建立通用的无线电空中接口，将通信技术与计算机技术进一步结合起来，使各种 3C 设备在没有电线或电缆相互连接的情况下，能在近距离范围内实现相互通信或操作。蓝牙工作在全球通用的 2.4 GHz ISM（即工业、科学、医学）频段，使用 IEEE802.11 协议。

Wi-Fi 是以 Wi-Fi 联盟制造商的商标作为产品的品牌认证，是一个创建于 IEEE 802.11 标准的无线局域网技术。

几乎所有智能手机、平板计算机和笔记本计算机都支持 Wi-Fi 上网，Wi-Fi 是当今使用最广的一种无线网络传输技术，实际上就是把有线网络信号转换成无线信号，使相关计算机、手机、平板计算机等接收。

无线网络在大城市比较常用，虽然由 Wi-Fi 技术传输的无线通信质量不是很好，数据安全性能比蓝牙差一些，传输质量也有待改进，但传输速率非常高，可以达到 300 Mbit/s，符合个人和社会信息化的需求。Wi-Fi 最主要的优势在于不需要布线，可以不受布线条件的限制，因此非常适合移动办公用户的需要，并且由于发射信号功率低于 100 mW，低于手机发射功率，所以 Wi-Fi 上网相对也是安全健康的。

但是 Wi-Fi 信号也是由有线网提供的，如家里的 ADSL、小区宽带等，只要接一个无线路由器，就可以把有线信号转换成 Wi-Fi 信号。

计算机网络还有很多其他分类方式，例如，按通信速率分为低速网、中速网和高速网；按使用用户分为公用网和专用网；按网络环境分为部门网络、企业网络和校园网等。

## 6.4 因特网

因特网（Internet）以相互交流信息资源为目的，基于一些共同的协议，并通过许多路由器和公共互联网组合而成，它是一个信息资源和资源共享的集合。

因特网是一个网络的网络，它以 TCP/IP 网络协议将各种不同类型、不同规模、位于不同地理位置的物理网络连接成一个整体。它也是一个国际性的通信网络集合体，融合了现代通信技术和现代计算机技术，集各个部门、领域的各种信息资源为一体，从而构成网上用户共享的信息资源网。它的出现是世界由工业化走向信息化的必然和象征。

因特网最早来源于1969年美国国防部高级研究计划局（Defense Advanced Research ProjectAgency，DARPA）的前身ARPA建立的ARPAnet。最初的ARPAnet主要用于军事研究目的。1972年，ARPAnet首次与公众见面，由此成为现代计算机网络诞生的标志。ARPAnet在技术上的另一个重大贡献是TCP/IP协议族的开发和使用。ARPAnet试验并奠定了因特网存在和发展的基础，较好地解决了异种计算机网络之间互联的一系列理论和技术问题。

同时，局域网和其他广域网的产生和发展对因特网的进一步发展起了重要作用。其中，最有影响的就是美国国家科学基金会(National Science Foundation，NSF)建立的美国国家科学基金NSFnet。它于1990年6月彻底取代了ARPAnet而成为因特网的主干网，但NSFnet对因特网的最大贡献是使因特网向全社会开放。随着网上通信量的迅猛增长，1990年9月，由Merit、IBM和MCI公司联合建立了先进网络与科学公司ANS（Advanced Network &Science，Inc）。其目的是建立一个全美范围的T3级主干网，能以45 Mbit/s的速率传送数据，相当于每秒传送1 400页文本信息。1991年底，NSFnet的全部主干网都已同ANS提供的T3级主干网相通。NFSnet向国外扩展，将世界范围的区域性网络都互联起来，形成了当今的Internet。

## 6.4.1 IP地址

网上计算机要进行通信，必须先互相识别对方，才能知道信息发送到何处，接收信息来自于何方。在互联网上唯一识别用户身份的标识就是IP地址（Internet Protocol Address）。

### 1. IP地址的版本

IP地址目前主要有两个协议版本IPv4和IPv6。IPv4的地址是一个32位的0/1序列，如11000000 11111111 00000000 00001111。为了方便人们记录和阅读，通常将32位0/1分成4段8位序列，并用十进制来表示每一段(这样，一段的范围就是0~255)，段与段之间以"."分隔。例如，上面的地址可以表示成为192.255.0.16。

随着5G、物联网等相关技术的发展，接入网络中的设备越来越多，IPv4地址已经不能满足人们的需求，于是推出了IPv6地址。IPv6地址是128位0/1序列，它也按照8位分割，以十六进制来记录每一段(使用十六进制而不是十进制，这能让写出来的IPv6地址短一些)，段与段之间以:分隔。例如：2001:0db8:85a3:08d3:1319:8a2e:0370:7344是一个合法的IPv6地址。

### 2. IP地址的分配管理

ICANN（The Internet Corporation for Assigned Names and Numbers，互联网名称与数字地址分配机构）是Internet的中心管理机构。ICANN的IANA（Internet Assigned Numbers Authourity，互联网数字分配机构）部门负责将IP地址分配给5个（ARIN、RIPE、APNIC、AFRINIC、LACNIC）区域性的互联网注册机构（RIR，Reginal Internet Registry），每个机构负责不同地理区域的IP地址，如APNIC负责亚太地区的IP分配。然后，RIR将地址进一步分配给当地的ISP（Internet Service Provider，因特网服务提供商），如中国电信和中国网通。ISP再根据自己的情况，将IP地址分配给机构或者直接分配给用户，例如，将A类地址分配给一个超大型机构，而将C类地址分配给一个网吧。机构可以进一步在局域网内部分配IP地址给各台主机。这样通过分级管理，IP地址就不会有冲突，如图6-18所示。

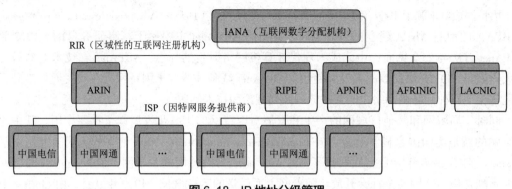

图 6-18　IP 地址分级管理

## 6.4.2　域名

　　IP 地址是互联网上唯一识别用户身份的一个标识，但是人们访问对方的服务时，用 IP 地址很难记忆，于是就发明了域名。IP 地址和域名是一一对应的，域名地址的信息存放在域名服务器（Domain Name Server，DNS）的主机内，用户只需了解易记的域名地址，其对应转换工作由域名服务器完成。域名是一个分级管理的结构，如 mail.imau.edu.cn，表示的是内蒙古农业大学的邮件服务器域名。其中，mail 表示服务器提供邮件服务，imau 表示内蒙古农业大学，edu 表示教育网，cn 表示中国。imau.edu.cn 是内蒙古农业大学向中国教育网 edu.cn 申请的权威域名。在此基础上，内蒙古农业大学可以向互联网发布自己其他的域名，如计算机学院域名 jsj.imau.edu.cn。

　　常用的通用顶级域名如表 6-1 所示。

表 6-1　通用顶级域名

| com——商业 | edu——教育 | gov——政府机构 |
| --- | --- | --- |
| mil——军事部门 | org——民间团体或组织 | net——网络服务机构 |

常用国家或地区顶级域名如表 6-2 所示。

表 6-2　国家或地区顶级域名

| 国家或地区代码 | 国家或地区名 | 国家或地区代码 | 国家或地区名 |
| --- | --- | --- | --- |
| au | 澳大利亚 | cn | 中国 |
| jp | 日本 | fr | 法国 |
| uk | 英国 | us | 美国 |

## 6.4.3　TCP/IP 四层体系结构

　　计算机网络由若干个相互连接的节点组成，在这些节点之间要进行不断的数据交换。要进行正确的数据传输，每个节点就必须遵守一些事先约定好的规则，这些规则就是网络协议。TCP/IP（Transmission Control Protocol/Internet Protocol，传输控制协议/网际协议）是 Internet 最基本的协议，TCP/IP 是指能够在多个不同网络间实现信息传输的协议族。TCP/IP 不仅仅指的是 TCP 和 IP 两个协议，而是指一个由 FTP（File Transfer Protocol，文件传输协议）、SMTP（Simple Mail Transfer Protocol，简单邮件传输协议）、TCP（Transmission Control Protocol，传输控制协议）、UDP（User Datagram Protocol，用户数据报协议）、IP 等协议构成的协议族，只是因为在 TCP/IP 协议中 TCP

协议和 IP 协议最具代表性，所以称为 TCP/IP 协议。

TCP/IP 传输协议是一个四层的体系结构，包括应用层、传输层、网际层和网络接口层，如图 6-19 所示。

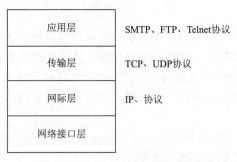

**图 6-19　TCP/IP 四层体系结构**

应用层是应用程序间沟通的层，如简单电子邮件传输协议（SMTP）、文件传输协议（FTP）、网络远程访问协议（Telnet）等都属于应用层。

传输层提供了节点间的数据传送、应用程序之间的通信服务，主要功能是数据格式化、数据确认和丢失重传等。传输控制协议（TCP）、用户数据报协议（UDP）等都属于传输层。

网际层负责提供基本的数据包传送功能，让每一个数据包都能够到达目的主机（但不检查是否被正确接收），如网际协议（IP）属于网络层。

网络接口层接收 IP 数据报并进行传输，从网络上接收物理帧，抽取 IP 数据报转交给下一层。

## 6.5　移动通信技术

移动通信技术的高速发展为人们的工作、生活带来了极大便利，随着通信网络技术的发展，网络升级换代的速度越来越快。2019 年，5G 元年已经正式开启，5G 网络建设正在高速地进行中但还并未完全普及的同时，华为又进入了 6G 网络洽谈研究筹备阶段。每一代网络技术革新，都将会引领一场新的市场的变革。

### 6.5.1　1G：语音时代

第一代移动通信诞生于 20 世纪 80 年代，主要采用的是模拟技术和频分多址（FDMA）技术。1G 只能应用在一般语音传输上，且语音品质低、信号不稳定、涵盖范围不够全面，安全性也存在较大的问题。1G 系统的先天不足，使得它无法真正大规模普及和应用。

这一时代的手机只是用来接、打语音电话。1973 年，摩托罗拉公司为全世界带来了第一部手机。这部手机最显著的特征就是大和重，俗称"大哥大"，所以 1G 时代简称为"大哥大"时代。

### 6.5.2　2G：文本时代

2G 时代是移动通信标准争夺的开始，GSM 脱颖而出成为最广泛采用的移动通信制式。早在 1989 年欧洲就以 GSM 为通信系统的统一标准并正式商业化，同时在欧洲起家的诺基亚和爱立信开始攻占美国和日本市场。

2G 主要业务是语音，其主要特性是提供数字化的话音业务及低速数据业务。它克服了模拟移动通信系统的弱点，话音质量、保密性能得到大幅提高，并可进行省内、省际自动漫游。第二代移动通信替代第一代移动通信系统完成模拟技术向数字技术的转变。

2G 手机不再局限于只能打电话，还能接发短信甚至简单的 WAP 网页浏览等文本编辑、发送。此外，2G 手机的拍照、音乐播放、游戏功能也逐步被开发出来。

### 6.5.3  3G：图片时代

随着人们对移动网络的需求不断加大，第三代移动通信网络必须在新的频谱上制定出新的标准，享用更高的数据传输速率，中国于 2009 年的 1 月 7 日颁发了 3 张 3G 牌照。

3G 最基本的特征是智能信号处理技术，智能信号处理单元成为基本功能模块，支持话音和多媒体数据通信。它可以提供前两代产品不能提供的各种宽带信息业务，如高速数据、慢速图像与电视图像等。

在 3G 之下，影像电话和大量数据的传送更为普遍，移动通信有更多样化的应用，因此 3G 被视为是开启行动通信新纪元的关键。

智能手机应用开始，2G 只能发送文字信息，3G 已经可以发送图片。3G 手机能快速处理图像、音乐、视频等信息，提供电子商务、视频通话等多种信息服务。

### 6.5.4  4G：视频时代

2013 年 12 月，工业和信息化部在其官网上宣布向中国移动、中国电信、中国联通颁发 4G 牌照，进入了 4G 时代。

4G 集 3G 与 WLAN 于一体，并能够快速传输数据、高质量音频、视频和图像等。4G 能够以 100 Mbit/s 以上的速度下载，并几乎能够满足所有用户对于无线服务的要求。此外，4G 可以在 DSL 和有线电视调制解调器没有覆盖的地方部署，然后再扩展到整个地区，有着不可比拟的优越性。

这一时代的手机可进行微信视频、网上看电影、手机游戏等社交互动。

### 6.5.5  5G：物联网时代

2019 年 6 月 6 日，工业和信息化部向中国电信、中国移动、中国联通、中国广电发放 5G 商用牌照，意味着我国正式进入 5G 商用元年。5G 比 4G 覆盖范围更广、信号更强、速度更快。4G 环境中下载高清电影需要 10 min，在 5G 环境中只需要 1 s。5G 将会强力推动 VR、无人驾驶汽车等物联网技术发展。

## 6.6  物联网

物联网（Internet of Things，IoT）技术起源于传媒领域，是信息科技产业的第三次革命。物联网是指通过信息传感设备，按约定的协议，将任何物体与网络相连接，物体通过信息传播媒介进行信息交换和通信，以实现智能化识别、定位、跟踪、监管等功能。物联网是一个基于互联网、传统电信网等的信息承载体，它让所有能够被独立寻址的普通物理对象形成互联互通的网络。

### 6.6.1  物联网的关键技术

物联网的关键技术主要有通信技术、传感技术及射频识别技术，共同支持物联网发展，构成物联网的核心部分。

#### 1. 通信技术

通信是物联网不可缺少的环节，物联网利用通信技术提供信息传输的通道，进行专业通信，满足互联需求。在通信技术的支持下，物联网可以适应多样化的业务需求，不仅可以在低移动环境内运行，还可应用在数据效率低下的平台内，可以保障物联网的通信安全。物联网中的通信技术，集中体现在广域或近距通信两方面。例如，通过互联网、移动通信网、卫星通信等传输物联网感知到的信息。

### 2. 传感技术

传感技术就是传感器的技术，可以感知周围环境或者特殊物质，如气体感知、光线感知、温湿度感知、人体感知等，把模拟信号转化成数字信号，由中央处理器处理。最终结果形成气体浓度参数、光线强度参数、范围内是否有人探测、温度湿度数据等显示出来。例如，物联网确定系统传感模式后，设置微型处理器，综合集成物联网的信息，通过传感器时刻监督内部信息的运行情况，避免出现高危行为。不论是物联网的采集环节，还是处理环节，都可处于高效传感的过程中。传感技术随机组成通信网络，促使物联网在中继方式的作用下传输信息，迅速抵达用户终端，体现传感技术效率，有利于提高物联网的传感速度。

### 3. 射频识别技术

射频识别（Radio Frequency Identification，RFID）技术，俗称"电子标签"，是物联网中信息采集的主要源头。将电子标签附着在目标物品上，可对其进行全球范围内的追踪和识别。

射频识别技术是物联网运行的重点，同时也是主要技术，用于提升物联网的识别能力。射频识别技术的运用原理是，物联网中的物品被电子标签标识后，读写器通过电波识别物品电子标签内的信息，迅速将读取的信息输送到物联网的信息系统。在射频技术自动采集的协助下，管理物联网内的物品，存储电子标签，达到高效管理的状态。物联网中的物品对应独立、唯一的识别码，恰好对应射频技术内的标签，由此必须规范电子标签内的识别标准，以此提高识别效益，避免射频识别受到编码限制。射频识别技术不仅为互联网提供识别功能，更是实现质量认证，促使物联网的运用处于质量约束的环境中，降低质量风险。由此可见，射频识别技术为物联网提供保障性支持，避免物联网出现识别干扰，有利于物联网的稳定发展。

## 6.6.2　物联网的体系结构

从技术架构上来看，物联网可分为感知层、网络层和应用层三层。

感知层由各种传感器以及传感器网关构成，包括二氧化碳浓度传感器、温度传感器、湿度传感器、二维码标签、RFID 标签和读写器、摄像头、GPS 等感知终端。感知层的作用相当于人的眼耳鼻喉和皮肤等神经末梢，它是物联网识别物体、采集信息的来源，其主要功能是识别物体，采集信息。

网络层由各种私有网络、互联网、有线和无线通信网、网络管理系统和云计算平台等组成，相当于人的神经中枢和大脑，负责传递和处理感知层获取的信息。

应用层是物联网和用户（包括人、组织和其他系统）的接口，它与行业需求相结合，实现物联网的智能应用。

## 6.6.3　物联网的应用

物联网的应用领域涉及方方面面，在工业、农业、环境、交通、物流、安保等基础设施领域的应用，有效地推动了这些方面的智能化发展，使得有限的资源更加合理地分配，从而提高了行业效率、效益；在家居、医疗健康、教育、金融与服务业、旅游业等与生活息息相关的领域，从服务范围、服务方式到服务的质量等方面都有了极大的改进，大大提高了人们的生活质量；在涉及国防军事领域方面，虽然还处在研究探索阶段，但物联网应用带来的影响也不可小觑，大到卫星、导弹、飞机、潜艇等装备系统，小到单兵作战装备，物联网技术的嵌入有效提升了军事智能化、信息化、精准化，极大提升了军事战斗力，是未来军事变革的关键。下面简要介绍物联网在其中几个领域的应用。

### 1. 智能交通

物联网技术在道路交通方面的应用比较成熟。随着社会车辆越来越普及，交通拥堵甚至瘫痪已成为城市的一大问题。对道路交通状况实时监控并将信息及时传递给驾驶人，让驾驶人及时做出调整，有效缓解了交通压力；高速路口设置道路自动收费系统（简称 ETC），免去进出口取卡、还卡的时间，提升车辆的通行效率；公交车上安装定位系统，能及时了解公交车行驶路线及到站时间，乘客可以根据搭乘路线确定出行，免去不必要的时间浪费。社会车辆增多，除了会带来交通压力外，停车难也日益成为一个突出问题。不少城市推出了智慧路边停车管理系统，该系统基于云计算平台，结合物联网技术与移动支付技术，共享车位资源，提高车位利用率和用户的方便程度。该系统可以兼容手机模式和射频识别模式，通过手机端 APP 软件可以实现及时了解车位信息、车位位置，提前做好预定并实现交费等操作，很大程度上解决了"停车难、难停车"的问题。

### 2. 智能家居

智能家居就是物联网在家庭中的基础应用，随着宽带业务的普及，智能家居产品涉及方方面面。家中无人，可利用手机等产品客户端远程操作智能空调，调节室温，甚者还可以学习用户的使用习惯，从而实现全自动的温控操作，使用户在炎炎夏季回家就能享受到冰爽带来的惬意；通过客户端实现智能灯泡的开关、调控灯泡的亮度和颜色等；插座内置 Wi-fi，可实现遥控插座定时通断电流，甚至可以监测设备用电情况，生成用电图表让人们对用电情况一目了然，安排资源使用及开支预算；智能体重秤，监测运动效果。内置可以监测血压、脂肪量的先进传感器，内定程序根据身体状态提出健康建议；智能牙刷与客户端相连，供刷牙时间、刷牙位置提醒，可根据刷牙的数据生成图表，了解口腔的健康状况；智能摄像头、窗户传感器、智能门铃、烟雾探测器、智能报警器等都是家庭不可少的安全监控设备，即使出门在外，也可在任意时间、地方查看家中任何一角的实时状况，了解安全隐患。看似烦琐的种种家居生活因为物联网变得更加轻松、美好。

### 3. 公共安全

近年来全球气候异常情况频发，灾害的突发性和危害性进一步加大，互联网可以实时监测环境的不安全性情况，提前预防、实时预警、及时采取应对措施，降低灾害对人类生命财产的威胁。美国布法罗大学早在 2013 年就提出研究深海互联网项目，通过特殊处理的感应装置置于深海处，分析水下相关情况，海洋污染的防治、海底资源的探测、甚至对海啸也可以提供更加可靠的预警。该项目在当地湖水中进行试验，获得成功，为进一步扩大使用范围提供了基础。利用物联网技术可以智能感知大气、土壤、森林、水资源等方面各指标数据，对于改善人类生活环境发挥了巨大作用。

### 4. 智能电网

采用物联网技术可以全面有效地对电力传输的整个系统进行智能化处理，包括对电力系统运行状态的实时监控和自动故障处理，确定电网整体的健康水平，触发可能导致电网故障发展的早期预警，确定是否需要立即进行检查或采取相应的措施，分析电网系统的故障、电压降低、电能质量差、过载和其他不希望的系统状态，并基于这些分析，采取适当的控制行动。例如，智能电网、路灯智能管理和智能抄表等。

## 小结

本章主要介绍了计算机网络的基本概念、计算机网络的组成、计算机网络的分类、因特网、移动通信技术和物联网。通过本章的学习，学生能够掌握计算机网络的基础知识，了解计算机网络的发展趋势，掌握运用计算机网络解决实际问题的方法；了解计算机专业相关的技术和行业热点，并能就计算机专业领域问题发表自己的观点，进行跨文化沟通和交流。

## 习题六

### 一、选择题

1. LAN 和 WAN 是两种不同类型的计算机网络，后者可以_____。
   A. 管理几十台到一百台计算机　　　　　B. 以一个单位或一个部门为限
   C. 实现小范围内的数据资源共享　　　　D. 涉及一个城市，一个国家乃至全世界

2. 目前使用的网络传输介质中，传输速率最高的是_____。
   A. 光纤　　　　　B. 同轴电缆　　　　　C. 双绞线　　　　　D. 电话线

3. Internet 实现网络互联采用的通信协议是_____。
   A. TCP/IP　　　　B. IEEE802.x　　　　C. X.25　　　　　D. IPX/SPX

4. 中国的顶层域名是_____。
   A. CHINA　　　　B. CH　　　　　C. CN　　　　　D. CHI

5. 下列用点分十进制数表示的 IP 地址中，错误的表示是_____。
   A. 210.39.0.35　　　B. 18.181.0.31　　　C. 166.111.9.2　　　D. 192.5.256.34

6. 顶层域名 com，表明该域名属于_____机构。
   A. 国际组织　　　　B. 教育系统　　　　C. 政府部门　　　　D. 商业机构

7. 最早出现的计算机网络是_____。
   A. Internet　　　　B. BITNET　　　　C. ARPANET　　　　D. Ethernet

8. Internet 的域名结构中，顶级域名为 edu 的代表_____。
   A. 商业机构　　　　B. 政府部门　　　　C. 教育机构　　　　D. 军事部门

9. IP 地址与域名_____。
   A. 没有对应关系　　　　　　　　　　B. 有某种对应关系
   C. 是一一对应的关系　　　　　　　　D. 域名就是 IP 地址

### 二、填空题

1. 计算机网络至少由网络设备、_____及网络软件三部分组成。

2. TCP/IP 协议的含义是_____和_____。

3. IP 地址 (IPv4) 由_____位二进制数组成。

4. 网络间的通信按一定的规则和约定进行，这些规则和约定称为_____。

5. 广域网的英文缩写为_____，局域网的英文缩写为_____。

### 三、简答题

1. 按照覆盖的地理范围进行分类，计算机网络可以分哪几类？

2. 移动通信技术经历了哪几个时代？

3. 物联网的关键技术主要有哪些？

# 第7章

# 计算机信息安全和
# 职业道德

## 引言

计算机技术的发展，特别是计算机网络的广泛应用，对社会发展产生了重大影响，但是也不可避免地带来一些新的社会、道德与法律等问题。例如，在人们方便、有效地共享各领域信息的同时，计算机犯罪案件频频爆发而且逐年上涨。计算机犯罪是一种高技术型犯罪，犯罪分子攻击的重点对象是计算机网络。从 1986 年首例计算机病毒被发现以来，20 年间计算机病毒的数量以指数级增加，它的行踪随处可见。本章将简要介绍计算机信息安全有关的问题，包括计算机信息安全的基本概念、信息安全面临的各种威胁、保密技术、防御技术、计算机病毒，以及计算机相关的职位、教育、认证，简单的求职知识，IT 职业道德。

## 内容结构图

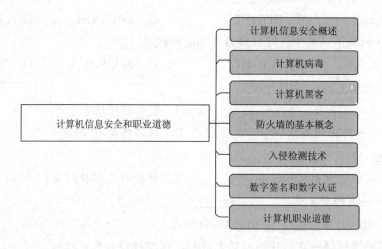

计算机信息安全和职业道德
- 计算机信息安全概述
- 计算机病毒
- 计算机黑客
- 防火墙的基本概念
- 入侵检测技术
- 数字签名和数字认证
- 计算机职业道德

## 学习目标

- 了解计算机信息安全面临的威胁，维护计算机信息安全所采用的基本技术。
- 掌握维护计算机信息安全的基本方法。
- 了解信息产业的道德准则及"绿色"信息产业的概念。
- 掌握信息产业的法律法规，重点是软件产业的政策和法律法规。
- 掌握计算机科学技术专业相关的职业种类。

## 7.1　计算机信息安全概述

### 7.1.1　计算机信息安全的概念

信息泛指消息、信号所包含的意义。在计算机系统中，所有的文件，包括各类程序文件和数据文件、资料文件、数据库文件，硬件系统的品牌、结构、指令系统等都属于计算机系统信息。信息作为一种资源，对于人类具有重要意义，提到信息就不可避免地涉及信息的安全问题。

信息安全是指信息网络的硬件、软件及其数据不受破坏、更改、泄露，系统连续可靠正常地运行，信息服务不中断。根据国际标准化组织的定义，信息安全的含义主要是指信息的完整性、可用性、保密性和可靠性。

信息安全涉及的范围很广，包括从国家军事政治等机密安全到保护个人隐私的很多方面的问题，例如防范商业企业机密泄露、防范青少年浏览不良信息等。

许多安全问题是由一些恶意用户为了获取利益或者损害他人而故意制造的。根据他们攻击的目的和方式可以将威胁手段分为被动攻击和主动攻击。被动攻击是指通过窃听和监视来获得存储和传输信息。例如，通过收集计算机屏幕或者电缆辐射的电磁波，通过特殊设备进行还原，以窃取商业、军事和政府的机密信息。主动攻击是指修改信息和制造假信息。一般采用重现、修改、破坏和伪装等手段。例如，利用网络漏洞破坏网络系统的正常工作和管理。

国外关于网络与信息安全技术的相关法规的研究起步较早，比较重要的组织有美国国家标准与技术协会（NIST）、美国国家安全局（NSA）、美国国防部（ARPA），以及很多国际性组织。它们的工作重点各有侧重，主要集中在计算机、网络与信息系统的安全策略、标准、安全工具、防火墙、网络防攻击技术研究等方面。

目前，我国与世界各国一样，都非常重视计算机、网络与信息安全的立法问题。从 1987 年开始，相继制定与颁发了一系列政策法规。例如，《电子计算机系统安全规范》（1987 年 10 月）、《计算机软件保护条例》（1991 年 5 月）、《中华人民共和国计算机信息与系统安全保护条例》（1994 年 2 月）、《中华人民共和国网络安全法》（2017 年 6 月）等。

### 7.1.2　威胁计算机网络安全的主要因素

目前，计算机系统基本是以网络作为运行平台，因此计算机安全问题主要表现为计算机网络的安全问题。网络安全就是要保证在网络环境中存储、处理和传输的各种信息的安全。威胁网络安全的主要因素有以下几种：

#### 1. 网络防攻击问题

要保证运行在网络环境中的信息系统的安全，首先要保证网络自身能够正常工作。在 Internet 中，对网络的攻击分为服务攻击和非服务攻击两种基本类型。前者是指对网络提供某种服务的服务器发起攻击，造成该网络"拒绝服务"，网络工作不正常；后者是指攻击者使用各种方法对网络通信设备，例如交换机、路由器等发起攻击，使网络通信设备严重阻塞或者瘫痪，造成一个局域网或者几个子网不能正常工作或完全不能工作。

#### 2. 网络安全漏洞问题

网络运行将涉及计算机硬件与操作系统、网络硬件与网络软件、数据库管理系统、应用软件和通信协议等。各种硬件、操作系统和应用软件都会存在一定的安全问题，它们不是百分之百的无缺陷或者无漏洞。例如，TCP/IP 协议是 Internet 使用的最基本的通信协议，同样 TCP/IP 协议也存在可以被攻击者利用的安全漏洞；UNIX 是 Internet 中广泛应用的网络操作系统之一，但是不同版本的 UNIX 操作系统中，多多少少都可以找到能被攻击者利用的漏洞；用户开发的各种应用软件可能会出现更多能被攻击者利用的漏洞。网络攻击者研究这些安全漏洞，并把这些安全漏洞作为攻击网络的首选目标。

### 3. 网络信息保密问题

网络中的信息安全保密主要包括两部分：信息存储安全和信息传输安全。信息存储安全是指如何保证存储在联网的计算机中的信息不会被未授权的网络用户非法使用。网络中的非法用户可以通过猜测或者窃取用户密码的办法或者想办法绕过网络安全认证系统，冒充合法用户，非法查看、下载、修改、删除未授权访问的信息，享受未授权的网络服务。网络传输安全是指如何保证信息在网络传输过程中不被泄露与不被攻击，即从源节点发出的信息在传输过程中不被截获、窃听、篡改或者伪造等。

保证网络中信息安全的主要技术是数据加密与解密算法。在密码学中，将源信息称为明文，为了保护明文，将它通过某种算法进行变换，使明文成为无法识别的密文。对于需要保护的重要信息，在传输或者存储过程中使用密文表示。将明文变换成密文的过程称为加密；将密文恢复成明文的过程称为解密。

### 4. 网络内部安全防范问题

这种威胁主要来自网络内部，一方面要防止信息源节点用户对其发送的信息事后不承认或者信息目的节点收到信息之后抵赖不认账。"防抵赖"是保证网络信息传输安全的重要内容之一，尤其是在电子商务中，它是必须解决的一个重要问题。另一方面是防止内部具有合法身份的用户有意或者无意地做出对网络和信息安全有害的行为。例如，泄露用户或者管理员的口令；违反网络安全规定，绕过防火墙私自与外部网络连接，造成系统安全漏洞；违反网络使用规定，越权查看、修改、删除系统文件、应用程序和数据；越权修改网络系统配置，造成网络工作不正常；私自将带有病毒的个人移动设备拿到公司的网络中使用等。这类问题经常会出现，而且危害性极大。

### 5. 网络防病毒问题

网络病毒的危害人人皆知，据统计，目前 70% 的病毒发生在网络上，联网微型机病毒的传播速度是单机的 20 倍，网络服务器消除病毒所花费的时间是单机的 40 倍。电子邮件炸弹可以轻易地使用户计算机瘫痪。有些网络病毒甚至会破坏系统硬件。有关病毒的定义、特点及防治方法将在后面讲述。

### 6. 网络数据的备份与恢复

在实际的网络运行环境中，数据备份与恢复功能非常重要。因为网络安全问题可以从预防、检查、反应等方面减少不安全因素，但是要完全消除不安全事件是不可能的。

## 7.2 计算机病毒

### 7.2.1 计算机病毒的定义和特点

1994 年 2 月 28 日颁布的《中华人民共和国计算机信息系统安全保护条例》中对计算机病毒有如下定义："计算机病毒是指编制或在计算机程序中插入的破坏计算机功能或者毁坏数据，影响计算机使用，并能自我复制的一组计算机指令或者程序代码"。计算机病毒是一种"计算机程序"，通常隐藏在计算机系统中，具有一定的破坏性，并能够传播、感染到其他系统，执行恶意的操作。

计算机病毒是早期的恶意代码形式，随着互联网的广泛使用，出现了具有混合型特征的新型病毒，这些病毒集普通病毒、蠕虫、木马和黑客等技术于一身，是目前恶意代码的主要形式。

计算机病毒产生的原因有如下几方面：某些计算机爱好者为炫耀其高超技术，编制一些不具有破坏性的小程序；某些组织或个人为达到其政治、经济或军事等目的，对政府机构或单位的计算机系统进行破坏。

计算机病毒具有破坏性、传染性、隐蔽性、潜伏性和不可预见性等主要特点。

### 1. 破坏性

计算机病毒的目的在于破坏系统的正常运行，或占用系统资源，降低工作效率，或导致系统崩溃。由此可将病毒分为良性病毒与恶性病毒。良性病毒可能只显示一些画面或播放点音乐，没有破坏性，但会占用系统资源。这类病毒较多，如 GENP、小球、W-BOOT 等。恶性病毒则有明确的目的，如删除文件、格式化磁盘等，对用户造成不可挽回的损失。

### 2. 传染性

传染性也称自我复制或传播性，是其本质特征。在一定条件下，病毒可以通过某种方式从一个文件或一台计算机传染到其他文件或计算机。

### 3. 隐蔽性

计算机病毒通常依附在正常程序或磁盘中较隐蔽的地方，很难与正常程序区分开。正是这种特性使病毒在被发现之前，已对系统造成了破坏。

### 4. 潜伏性

病毒侵入计算机系统后，不会马上发作，具有一定的潜伏期，只有在满足某种特定条件时才发作，以此达到广泛传播的目的。例如，著名的"黑色星期五"在每逢 13 日星期五的那天发作；"上海一号"会在每年三、六、九月的 13 日发作；引起广泛影响的 CIH 病毒会在每月的 26 日发作。这些病毒在平时会隐藏得很好，只有在发作时才暴露出本来面目。

## 7.2.2　三种有影响的病毒

### 1. 蠕虫病毒

蠕虫病毒的前缀是 Worm。这种病毒通过网络或者系统漏洞进行传播，大部分蠕虫病毒都有向外发送带毒邮件、阻塞网络的特性。例如，冲击波（阻塞网络）、小邮差（发带毒邮件）等。

蠕虫是一种无须计算机用户干预即可运行具有攻击性的程序或代码，它会扫描和攻击网络上存在系统漏洞的主机，通过局域网或互联网从一个节点传播到另一个节点，进而造成网络拥塞、产生安全隐患或使系统崩溃。蠕虫综合了网络攻击、密码学和计算机病毒等技术，具有行踪隐蔽、反复性和破坏性等特征。

在 Internet 上，世界性第一个大规模传播的网络蠕虫病毒是 1998 年底的 Happy 99。当用户在网上向外发出信件时，Happy 99 病毒会代替信件或随信件从网上到达发信的目的地。到了 1月 1 日，收件人只要执行邮件服务程序，就会在屏幕上不断出现绚丽多彩的礼花，其他什么都干不成。目前，蠕虫病毒已有多种变形，到处实施破坏活动。

### 2. 宏病毒

宏病毒主要是利用软件本身所提供的宏来设计的病毒（如 Nuclear 宏病毒）。所以，凡是具有编写宏功能的软件都有宏病毒存在的可能，Word、Excel 都曾传出宏病毒危害的事件。

### 3. CIH 病毒

CIH 病毒是一种运用新技术、会格式化硬盘的病毒，它通常在用户上网时进行传播感染。目标较新的变种病毒会在每月 26 日发作，并会发挥其最强大的破坏力——格式化硬盘。1998 年 6 月 2 日，首例 CIH 病毒被发现，这种病毒在 2001 年死灰复燃。

## 7.2.3 计算机病毒的分类、预防和处理

### 1. 病毒的分类

计算机病毒可以按不同的标准进行分类。根据分类标准的不同，同一病毒可以属于很多类。常用的分类方式主要有如下几种：

（1）按照计算攻击对象或系统分类

① 攻击 DOS 系统的病毒。这类病毒出现最早、最多，变种也最多，大约有 4 000 多种。

② 攻击 Windows 系统的病毒。由于 Windows 的图形用户界面（GUI）和多任务操作系统深受用户的欢迎，从而成为病毒攻击的主要对象。例如，破坏计算机硬件的 CIH 病毒。

③ 攻击 UNIX 系统的病毒。当前，UNIX 系统应用非常广泛，并且许多大型的操作系统均采用 UNIX 作为其主要的操作系统，所以 UNIX 病毒的出现，对人类的信息处理也是一个严重的威胁。

（2）按照链接方式分类

由于计算机病毒本身必须寻找一个攻击对象以实现对计算机系统的攻击，计算机病毒所攻击的对象是计算机系统可执行的部分。

① 源码型病毒：该病毒攻击用高级语言编写的程序，在程序编译前插入到源程序中，经编译成为合法程序的一部分。

② 嵌入型病毒：这种病毒将自身嵌入到现有程序中，把计算机病毒的主体程序与其攻击的对象以插入的方式链接。这种计算机病毒是难以编写的，一旦侵入程序体后也较难消除。如果同时采用多态性病毒技术、超级病毒技术和隐蔽性病毒技术，将给当前的反病毒技术带来严峻的挑战。

③ 外壳型病毒：将其自身包围在主程序的四周，对原来的程序不进行修改。这种病毒最为常见，易于编写，也易于发现，一般测试文件的大小即可发现。

④ 操作系统型病毒：这种病毒用自身的程序加入或取代部分操作系统程序进行工作，具有很强的破坏力，可以导致整个系统瘫痪。圆点病毒和大麻病毒就是典型的操作系统型病毒。这种病毒在运行时，用自己的逻辑部分取代操作系统的合法程序模块，对操作系统进行破坏。

（3）按照计算机病毒的破坏情况分类

① 良性计算机病毒：指其不包含对计算机系统产生直接破坏作用的代码。这类病毒只是不停地进行扩散，从一台计算机传染到另一台计算机，并不破坏计算机内的数据。良性病毒取得系统控制权后，会导致整个系统和应用程序争抢 CPU 的控制权，会导致整个系统死锁，给正常操作带来麻烦。因此，不能轻视所谓良性病毒对计算机系统造成的损害。

② 恶性计算机病毒：指在其代码中包含有损伤和破坏计算机系统的操作，在其传染或发作时会对系统产生直接的破坏作用。这类病毒有很多，如米开朗基罗病毒。当米氏病毒发作时，硬盘的前 17 个扇区将被彻底破坏，使整个硬盘上的数据无法恢复，造成的损失是无法挽回的。有的病毒还会格式化硬盘。这些操作代码都是刻意编写进病毒的，因此恶性病毒是很危险的，应当加强防范。通常，防病毒系统可以通过监控系统内的异常动作识别出计算机病毒的存在与否，

或发出警报提醒用户注意。

（4）按照传染对方式分类

传染性是计算机病毒的本质属性，根据传染方式分类，可分为以下几种：

① 磁盘引导区传染的计算机病毒：主要是用病毒的全部或部分信息取代正常的引导记录，而将正常的引导记录隐藏在磁盘的其他地方。因此，这种病毒在系统启动时就能获得控制权，其传染性较大。引导区传染的计算机病毒较多，如"大麻"和"小球"病毒就是这类病毒。

② 操作系统传染的计算机病毒：操作系统是计算机得以运行的支持环境，包括 .com、.exe 等许多可执行程序及程序模块。操作系统传染的计算机病毒就是利用操作系统中所提供的一些程序及程序模块寄生并传染的。通常，这类病毒作为操作系统的一部分，只要计算机开始工作，病毒就随时可能被触发。而操作系统的开放性和不绝对完善性又给这类病毒出现的可能性与传染性提供了方便。例如，"黑色星期五"即为此类病毒。

③ 可执行程序传染的计算机病毒：通常寄生在可执行程序中，一旦程序被执行，病毒也就被激活，病毒程序首先被执行，并将自身驻留内存，然后设置触发条件，进行传染。

（5）按照寄生方式和传染途径分类

计算机病毒按其寄生方式大致可分为两类：一是引导型病毒；二是文件型病毒。引导型病毒利用磁盘的启动原理工作，修改系统启动扇区。文件型病毒感染计算机文件。混合型病毒集引导型和文件型病毒特性于一体，因此这种病毒更容易传染。

**2. 病毒的预防**

"预防为主，治疗为辅"这一方针完全适用于对计算机病毒的处理。运用一些现存的病毒检测程序或人工检测方法，完全可以及时发现病毒，并在其造成损失前解决问题。一般情况下，可以从以下几方面采取措施：

（1）访问控制

建立访问控制策略不仅是一种良好的安全措施，而且可以防止恶意程序的传播，保护用户系统免遭病毒传染。

（2）进程监视

进程监视会观察不同的系统活动，并且拦截所有可疑行为，防止恶意程序入侵系统。

（3）校验信息的验证

常用的校验信息是循环冗余校验码（CRC），这是一种对文件中的数据进行验证的数学方法。如果文件内部有一个字节发生变化，校验和信息就会发生变化，但是文件的大小可能不变。一般情况下，未被病毒感染的系统首先应生成一个基准记录，然后规律性地采用 CRC 方式来检查文件的改变情况。

（4）病毒扫描程序

最常用的病毒检测方法是安装病毒扫描软件。病毒扫描程序使用特征文件在被传染的文件中查找病毒。特征文件实际上就是一个数据库，包括所有已知病毒和它们的属性。这些属性包括各种病毒的代码、传染文件的类型和有助于查找病毒的其他信息。使用独立的文件存储这些信息，可以对已有软件的相应文件进行替代升级，用户可以查找最新的病毒，不需要用户对整个程序进行升级。因为每个月都可能有新病毒出现，所以这种方法十分有效。

（5）启发式扫描程序

启发式扫描程序会进行统计分析，以决定具有程序代码的文件中存在病毒的可能性。这种扫描程序不像病毒扫描程序那样比较程序代码和特征文件，而且使用分级系统判定所有分析的程序代码含有病毒程序的概率。

### 3. 病毒的处理

消除病毒的方法很多，对普通用户来说，最简单的方法就是使用杀毒软件，下面介绍3种方法：

（1）引导型病毒

磁盘格式化是消除引导型病毒的最直接方法。但是，用此方法格式化磁盘后，不但病毒被杀死，数据也被清除了，需要谨慎使用。

（2）文件型病毒

破坏性病毒在感染时，由于将病毒程序硬性覆盖掉一部分宿主程序，使宿主程序被破坏。所以，即使把病毒杀死，宿主程序也不能被恢复，如果没有备份，将会造成损失。其他文件型病毒感染健康程序后，一般可以将病毒程序安全杀死。

（3）病毒交叉感染

有时候一台计算机内部潜伏着几种病毒，一个健康程序在这台计算机上运行时，会感染多种病毒，引起交叉感染。在这种情况下，要格外小心，必须分清楚病毒感染的先后顺序，先杀死后感染的病毒。否则，虽然病毒被杀死，但是程序也不能运行了。

## 7.3 计算机黑客

### 7.3.1 计算机黑客的定义

黑客是 Hacker 的音译，其引申意是指"干了一件非常漂亮的事"。这里的黑客是指那些精通网络、系统、外设以及软硬件技术的人。有些黑客不顾法律和道德的约束，有的出于刺激，有的被非法组织所收买，有的出于强烈的报复心理，肆意攻击和破坏一些组织或者部门的网络系统，危害很严重。

黑客的行为有三方面发展趋势：

① 手段高明化：黑客已经意识到单靠个人力量远远不够，逐步形成了团体，利用网络交流经验，实施团体攻击。

② 活动频繁化：黑客工具的大众化是黑客活动频繁的主要原因。做黑客已经不再需要掌握大量的计算机和网络知识，学会使用几个黑客工具，就可以在互联网上进行攻击活动。

③ 动机复杂化：黑客的动机目前不再局限于为了个人、金钱和刺激，已经和国际的政治和经济变化紧密结合在一起。

### 7.3.2 黑客的主要攻击手段

目前，黑客攻击的方式和手段多种多样，按其破坏程度和破坏手段主要分为以下几种：

### 1. 饱和攻击

饱和攻击又称拒绝服务攻击，其攻击原理是，大量的计算机同时向同一台主机不停地发送 IP 数据包，使该主机忙于应付这些数据包而无暇顾及正常的服务请求，最终保护性地停止一切服务。但是，这种攻击手段简单，攻击来源很容易通过路由器被识别，难逃法律制裁。另外，组织至少几十万台计算机也不是一件容易的事情，所以除了一些特殊情况下，一般出现这种攻击的概率几乎为零。

## 2. 攻击网站

这种攻击主要是通过修改网站的主页和网页链接达到目的的一种攻击手段。它对计算机的损害最小，但影响极大，因为主页是一个网站的形象代言，也是人们浏览频率最高的网页。虽然事后可以通过备份数据快速恢复，但是在网页被篡改的时间内对网站的影响是十分恶劣的。更改网站的网页有很多种方法，黑客主要采用两种方法：一是通过 WWW 方式直接修改；二是通过控制主机进行修改。

## 3. 陷门攻击

陷门是进入程序的秘密入口，知道陷门的人可以不经过通常的安全访问过程而获得访问。程序员为了进行调试和测试程序，已经合法地使用了很多年陷门技术。开发者想要获得专门的特权，或者避免烦琐的安装和鉴别过程，或者想要保证另一种激活或控制程序的方法，如通过一个特定的 ID、秘密口令、隐藏的事件序列或过程等，都可以避开建立在应用程序内部的鉴别过程。

黑客设计陷门，目的就是为了以特殊身份进入程序或者系统，并使得他们的活动不被系统管理员察觉。正常情况下，操作员在系统内的一些关键操作会被日志记录下来，系统发生问题时，系统管理员可以通过分析日志来查找问题的原因。而许多陷门程序能够提供一种途径使其活动不被系统日志记载，当黑客通过陷门进入系统时，日志中却没有他们的活动记录。

## 4. 特洛伊木马

特洛伊木马（简称木马）是一种秘密潜伏，并能够通过网络进行远程控制的恶意程序。特洛伊木马采用隐藏机制执行非授权功能，是黑客窃取信息的主要工具。黑客可以控制被植入木马计算机的一切活动和资源。完整木马程序一般由服务端(被控制端)和客户端(控制端)两部分组成。"中了木马"是指计算机被安装了服务端程序，此时，拥有相应客户端的黑客，可以通过网络控制被入侵的系统。

常见的木马程序有：网页木马、远程访问木马和利用应用软件漏洞制作的木马。

① 网页木马利用 IE 或 Windows 组件的漏洞 (一般为缓冲区溢出) 执行命令，由 HTML 网页文件和木马文件两部分组成。如果用户的操作系统存在漏洞，在访问带有网页木马的文件时会自动执行木马程序。为逃避杀毒软件的查杀，网页木马以框架网页的形式嵌入到正常网页中，将框架网页的宽度和高度设为 0，用户在浏览时，不会有视觉上的异常，因而网页木马不容易被察觉。

② 黑客可以将网页木马植入个人网站、商业网站及门户网站等，还可以将其制作成垃圾邮件批量发送。黑客通过网页木马控制个人计算机、盗取个人账号等隐私信息。

③ 远程访问木马具有后门的功能，黑客通过此后门向被植入木马的计算机传输文件、搜索数据、运行程序，还可以将其作为入侵其他计算机的中转站。

④ 利用应用软件漏洞制作的木马，较难识别，危害较高。常用办公应用软件，通常都存在安全漏洞，利用应用软件漏洞制作的木马，通常以邮件的形式传播给用户，当用户打开邮件时，木马程序会自动执行。

与病毒和蠕虫不同的是，木马通常不会自我复制，主要是伪装成实用程序、应用软件或游戏，诱使用户下载，并将其安装在 PC 或服务器上。

## 7.4　防火墙的基本概念

### 7.4.1　防火墙的定义

防火墙一词来源于早期的欧式建筑，它是建筑物之间的一道矮墙，用来防止发生火灾时火势蔓延。在计算机网络中，防火墙通过对数据包的筛选和屏蔽，防止非授权访问进入内部或外部计算机网络。通常内部网络是可信的、安全的，外部网不一定可信、安全。因此，防火墙可以定义为：位于可信网络与不可信网络之间，并对二者之间流动的数据包进行检查的系统，如图 7-1 所示。

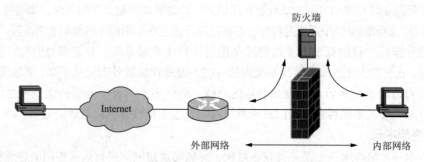

图 7-1　防火墙示意图

内部网络与外部网络的所有通信数据包都必须经过防火墙，而防火墙只放行合法的数据包，因此它在内部网络和外部网络之间建立了一道屏障。只要安装一个简单的防火墙，就可以屏蔽掉大多数外部的探测与攻击。

如果没有防火墙，则内部网络的安全性由内部网络中安全性最差的主机决定。如果内部网络很大，那么维护并提高每一台主机的安全性是非常困难的，即使能够成功，代价也非常大。但是如果安装了防火墙，防火墙就是内部网络和外部网络通信的唯一通道，管理员不必去担心每一台主机的安全，只要把精力放在防火墙上即可。

根据不同的设置，防火墙的功能有较大差异，一般包含以下两种基本功能：可以限制未授权的用户进入内部网络；限制内部用户访问特殊站点。

### 7.4.2　设计防火墙的基本特征

防火墙具有以下 3 个基本特性：

#### 1.　内部网络与外部网络的所有通信数据流都必须经过防火墙

这是防火墙所处网络位置的特性，同时也是一个前提。只有当防火墙是内、外网络之间通信的唯一通道时，才可以全面、有效地保护网络不受侵害。

#### 2.　只有符合安全策略的数据流才能通过防火墙

防火墙最基本的功能是确保数据流的合法性，并在此前提下将数据快速地从一条链路转发到其他链路。防火墙将网络上的数据流通过相应的接口接收，进行访问规则和安全审查，然后将符合条件的数据从相应的接口转发，而将不符合条件的数据丢弃。

#### 3.　防火墙具有很强的抗攻击能力

防火墙是具有完整信任关系的操作系统，具有单一的服务功能，除了专门的防火墙嵌入系统外，再没有其他应用程序在防火墙上运行。防火墙处于网络边缘，就像一个边界卫士一样，每时每刻都要面对黑客的入侵，因此防火墙具有非常强的抗入侵本领。

没有万能的网络安全技术，防火墙也不例外。防火墙有以下几方面的局限：防火墙不能防范网络内部的攻击，比如防火墙无法禁止变节者或内部间谍将敏感数据泄露；防火墙也不能防范那些伪装成超级用户或诈称新雇员的黑客，劝说没有防范心理的用户公开口令，并授予其临时的网络访问权限；防火墙不能防止传送已感染病毒的软件或文件，不能期望防火墙去对每一个文件进行扫描，查出潜在的病毒。

对于个人用户来说，安装一个简单的个人防火墙，就可以屏蔽多数非法的探测和访问。它不仅可以防止入侵者对主机的端口、漏洞进行扫描，还能阻止木马进入主机，同时可以抵挡来自内部的攻击。个人防火墙是位于计算机和所连接的网络之间的软件，不需要额外的硬件资源就能增加对系统的保护，该计算机与网络的所有通信均要经过此防火墙。Windows 7 操作系统都自带防火墙软件，可通过打开"控制面板"中的"系统和安全"选项，单击"Windows 防火墙"，完成启动和设置，如图 7-2 所示。

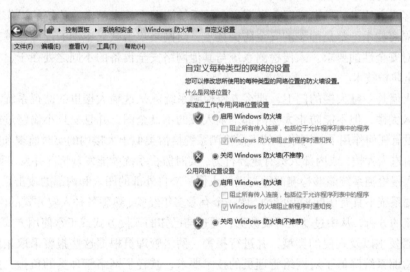

图 7-2　Windows 防火墙设置界面

### 7.4.3　防火墙的类型

防火墙的主要类型有 3 种：

#### 1. 过滤型防火墙

过滤型防火墙是在网络层与传输层中，可以基于数据源头的地址及协议类型等标志特征进行分析，确定是否可以通过。在符合防火墙规定标准之下，满足安全性能及类型才可以进行信息的传递，而一些不安全的因素则会被防火墙过滤、阻挡。

#### 2. 应用代理类型防火墙

应用代理防火墙主要的工作范围就是在 OIS 的最高层，位于应用层之上。其主要的特征是可以完全隔离网络通信流，通过特定的代理程序就可以实现对应用层的监督与控制。这两种防火墙是应用较为普遍的防火墙，其他一些防火墙应用效果也较为显著，在实际应用中要综合具体的需求以及状况，合理地选择防火墙的类型，这样才可以有效地避免防火墙的外部侵扰等问题的出现。

### 3. 复合型

目前应用较为广泛的防火墙技术当属复合型防火墙技术，综合了包过滤防火墙技术以及应用代理防火墙技术的优点。例如，若发过来的安全策略是包过滤策略，则可以针对报文的报头部分进行访问控制；如果安全策略是代理策略，就可以针对报文的内容数据进行访问控制，因此复合型防火墙技术综合了其组成部分的优点，同时摒弃了两种防火墙原有的缺点，大大提高了防火墙技术在应用实践中的灵活性和安全性。

随着网络技术的不断发展，防火墙相关产品和技术也在不断进步。目前，新的防火墙产品有：智能防火墙、分布式防火墙和网络产品的系统化应用等。

## 7.5 入侵检测技术

入侵检测系统是一种对网络传输进行即时监视、发现可疑传输时发出警报或采取主动反应措施的网络安全设备。

随着黑客攻击技术的日渐高明，暴露出来的系统漏洞也越来越多。传统的操作系统加固技术和防火墙隔离技术，都是静态的安全防御技术，对网络攻击缺乏主动的反应，越来越不能满足现有系统对安全性的要求。入侵检测系统与其他网络安全设备的不同之处在于，它是一种积极主动的安全防护技术。

假如防火墙是一幢大楼的门卫，那么入侵检测系统就是这幢大楼里的监视系统。门锁可以防止小偷进入大楼，但不能防止大楼内部个别人员的不良企图，并且一旦小偷绕过门锁进入大楼，门锁就没有任何作用了。网络中的入侵检测系统恰恰类似于大楼内的实时监视和报警装置，一旦小偷爬窗进入大楼，或内部人员有越界行为，实时监视系统就能发现情况并发出警报。所以，一个有效的入侵检测系统能够检测两种类型的入侵：来自外部的闯入和内部的攻击。

入侵检测系统不具有访问控制能力，像一个有着多年经验、熟悉各种入侵方式的网络侦察员，通过对数据流的分析，从中过滤出可疑数据，通过与已知的入侵方式或正常使用方式进行比较，确定入侵是否发生以及入侵的类型，并进行报警。网络管理员根据这些报警采取相应的措施。因此，入侵检测系统降低了对网络管理员的技术要求，减轻了网络管理员的负担，提高了网络安全管理的效率和准确性。

随着入侵检测系统的广泛应用，许多公司投入该领域的研发。Venus tech（启明星辰）、Internet Security System（ISS）、思科、NFR 等公司都推出了自己的入侵检测产品。

1998 年，Martin Roesch 用 C 语言开发了开放源代码的入侵检测系统 Snort。直至今天，Snort 已发展成为基于多平台，具有分析实时流量、记录网络 IP 数据特性的网络入侵检测 / 防御系统。

Snort 有 3 种工作模式：嗅探器、数据包记录器、网络入侵检测系统。嗅探器模式仅仅是从网络上读取数据包并作为连续不断的流显示在终端上。数据包记录器模式把数据包记录到硬盘上。网络入侵检测模式是最复杂的，而且是可配置的。Snort 依据用户定义的规则分析网络数据流，并根据结果采取措施。

基于主机的入侵检测系统用于保护重要服务器。它通过监视与分析主机的审计记录和日志文件来检测入侵。日志中包含发生在系统上的不寻常和不期望活动的证据，这些证据可以指出有人正在入侵或已成功入侵了系统。通过查看日志文件，能够发现成功的入侵或入侵企图，并很快地启动相应的应急响应程序。

基于网络的入侵检测系统主要用于实时监控网络关键路径的信息，监听网络上的所有分组采集数据，分析可疑现象。

入侵检测系统的作用如下：

① 通过检测和记录网络中的违规行为，防止网络入侵事件的发生。

② 检测其他安全措施未能阻止的攻击或违规行为。

③ 检测黑客在攻击前的探测行为，预先给管理员发出警报。

④ 报告计算机系统或网络中存在的安全威胁。

⑤ 提供有关攻击的信息，帮助管理员诊断网络中存在的安全弱点，及时进行修补。

在大型、复杂的计算机网络中布置入侵检测系统，可以显著提高网络安全管理的质量。

## 7.6 数字签名和数字认证

在计算机通信中，当接收者接收到一个消息时，往往需要验证消息在传输过程中有没有被篡改；有时接收者需要确认消息发送者的身份。所有这些都可以通过数字签名来实现。数字签名是公开密钥加密技术的一种应用。

哈希（Hash）函数就是一种将任意长度的消息压缩到某一固定长度的消息摘要的函数。把哈希函数和公钥加密算法结合起来，提供一种方法保证数据的完整性和真实性。完整性检查保证数据没有被篡改，真实性检查保证数据真是由产生这个哈希值的人发出的。把这两个机制结合起来，就是所谓的"数字签名"。

数字签名和验证过程如图 7-3 所示。

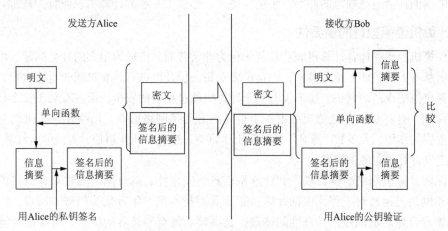

图 7-3　数字签名和验证过程

① 发送方 Alice 用单向函数（哈希函数）产生文件的信息摘要。

② 用 Alice 的私钥对信息摘要加密，以此表示对文件的签名。

③ Alice 将文件和散列签名传送给接收方 Bob。

④ Bob 用 Alice 发送的文件产生文件的信息摘要，同时用 Alice 的公钥对签名的信息摘要解密。

⑤ 如果签名的信息摘要与自己产生的信息摘要值匹配，便可确信原始信息未被篡改，即保证了消息来源的真实性和数据传输的完整性。

身份认证又称身份鉴别，是指被认证方在没有泄露自己身份信息的前提下，能够以电子的方式来证明自己的身份。其本质就是被认证方拥有自己身份的一些秘密信息，除被认证方自己外，任何第三方（某些需要认证权威的方案中认证权威除外）无法伪造，被认证方能够使认证方相信他确实拥有那些秘密，则他的身份就得到了认证。

身份认证的目的是验证信息收发方是否持有合法的身份认证信息（如口令、密钥和实物证件等）。从认证机制上讲，身份认证技术可分为两类：一类是专门进行身份认证的直接身份认证技术；另一类是在消息签名和加密过程中，通过检验收发方是否持有合法密钥进行的认证，称为间接身份认证技术。

## 7.7 计算机职业道德

### 7.7.1 职业道德的基础知识

职业道德是同职业活动紧密联系的符合职业特点的道德准则。信息技术（IT）公司的员工在工作中可能会遇到两难的抉择，如果上司要求员工提供其前任雇主的某些项目的相关内容，若员工答应了，他将会获得丰厚的利益，但这样的做法却欠妥当，这时候便需要做出符合职业道德的决定。换而言之，职业道德的标准就是"勿以恶小而为之，勿以善小而不为"。

计算机职业道德是指在计算机行业及其应用领域所形成的社会意识形态和伦理关系下，调整人与人之间、人与知识产权之间、人与计算机之间，以及人与社会之间关系的行为规范的总和。在计算机信息系统及其应用所构成的社会范围内，经过一定时期的发展，经过新的社会伦理意识与传统中国的社会道德规范的冲突、平衡、融合，形成了一系的计算机职业行为规范。

### 7.7.2 计算机道德教育的重要性

当前计算机犯罪和违背计算机职业规范的行为非常普通，已成为很大的社会问题，不仅需要加强计算机从业人员的职业道德教育，而且也要对每一位公民进行计算机职业道德教育，增强人们遵守计算机道德规范的意识。这不仅有利于计算机信息系统的安全，而且有利于整个社会对个体利用的保护。计算机职业道德规范中一个重要的方面是网络道德。网络在计算机信息系统中起着至关重要的作用，大多数"黑客"开始是出于好奇，违背了职业道德，入侵他人计算机系统，一步一步走向计算机犯罪的道路。

为了保障计算机网络的良好秩序和计算机信息的安全性，减少网络陷阱对青少年的危害，有必要启动网络道德教育工程。根据计算机犯罪具有技术型、年轻化等趋势和特点，该教育必须从学校教育开始。道德是人类理性的体现，是灌输、教育和培养的结果。对抑制计算机犯罪和违背计算机职业道德现象，道德教育活动更能体现出教育的效果。

随着计算机应用领域的日益广泛，开展计算机职业道德教育是十分重要的。在西方发达国家，网络道德教育已成为高等学校的教育课程，而我国在这方面还是空白，学生只重视学技术理论课程，很少探讨计算机网络道德问题。在德育课上，所讲授的内容同样也很少涉及这一领域。

### 7.7.3 计算机道德规范

在 IT 领域中，需要道德抉择的情形可分为软件版权、隐私、保密、黑客、工作计算机的使用、软件质量等。

1. **软件版权**

目前，市场上破解软件、盗版软件大行其道，在监督不完善的情况下，安装正版软件还是盗版软件就成了道德问题。除此之外，是否要违反单用户许可证而给多台计算机安装软件副本也是一个道德问题。一般来说，符合软件许可协议的操作都是符合道德规范的。

2. **隐私**

隐私涉及客户隐私和员工隐私。存储在数据库中的客户隐私应该严格保密，而不能为了一己私欲而泄露。在员工不知情、公司政策未说明的情况下，监控其活动也是不道德的。管理者和员工都应该熟知有关隐私的法律和公司政策。

3. **保密**

在 IT 领域，人员的流动性非常高，因此经常有可能出现员工正在开发的软件与其前雇佣单位是竞争关系，或者竞争对手以重金购买员工正在开发的软件信息。为了避免损害公司利益，公司一般会与员工签署非竞争条款，其作用时间可以超过工作合同的期限。例如，禁止向竞争对手泄露机密信息、禁止新开一家竞争性的企业，有的公司甚至要求员工离职后两年内不得从事与公司相同业务的工作。

4. **黑客**

专业技术很高的计算机人员可能会遇到这样的道德抉择，是做白客还是做黑客？白客是维护者；黑客是破坏者，利用恶意软件破坏计算机和网络。站在道德的角度，白客和黑客进行对抗，维护计算机和网络的安全。黑客可以通过一款恶意软件获得巨大利益；而白客的收入相对可能很少。

5. **工作计算机的使用**

是否可以将工作计算机用于个人行为，有时候也是一种道德抉择问题。一些企业在员工签订工作合同时会明确限定工作计算机的使用，如果没有限定，就需要员工自己去判断。例如，如果员工想要在非工作时间段，使用工作计算机编写属于个人的软件，就需要先明确这个软件版权的归属问题。

6. **软件质量**

在软件编写过程中，bug 是不可避免的，出现的 bug 需要通过软件测试阶段尽可能消除。而一旦开发延期或截止日期提前，测试时间就有可能被压缩，此时测试人员就需要面临两难的抉择，即是以降低软件质量为代价保证在截止日期之前交工，还是保证软件质量但可能在截止日期之前不能交工。一些公司允许发布的软件中存在一定数量的 bug，但测试人员还是需要考虑测试时间缩短可能带来的后果。

### 7.7.4  计算机教育和认证

专科学历、本科学历和研究生学历的从业人员都可以在 IT 产业中找到合适的工作，但对大多数的 IT 职位来说，本科学位是最基本的要求。

在我国，有两个与计算机直接相关的本科专业——计算机科学和软件工程。这两个专业的课程覆盖范围大致相同，但各有侧重，计算机科学重在研究计算机体系结构及如何通过为计算机编程使之更有效地工作，而软件工程更强调软件与应用。除此之外，还有很多专业与计算机有着直接或间接的关系，如计算机工程、信息系统、信息技术、通信工程、电子信息工程、自动控制、数学与应用数学等。

与计算机相关的研究生方向则更多，如人工智能、大数据、虚拟现实、物联网、移动云计算、计算机游戏、网络信息安全、嵌入式软件、软件质量管理与测试等。

与其他行业一样，计算机领域也有专业认证。不同的认证分量也不同，许多雇主也会选择性地评判证书的价值。与证书相比，应聘者的实际能力更重要。认证考试是指一种能够证明某一专门技术或者学科知识水平的客观测试。计算机领域中总共包含了大约300种相关的认证考试。认证考试可以分为计算机综合知识、软件应用、数据库管理、网络和云及计算机硬件。

在我国，计算机领域的认证主要有计算机等级考试和行业认证两种。

### 1. 计算机等级考试

全国计算机等级考试是由教育部主办，面向社会，用于考查应试人员计算机应用知识与能力的全国性计算机水平考试体系。全国计算机等级考试共设4个等级，其中一级考核计算机基础知识、使用办公软件及因特网的基本技能；二级考核计算机基础知识、使用一种高级计算机语言编写程序及上机调试的基本技能；三级分为"数据库技术"、"网络技术"、"软件测试技术"、"信息安全技术"和"嵌入式系统开发技术"等5个科目；四级分为"网络工程师"、"数据库工程师"、"软件测试工程师"、"信息安全工程师"和"嵌入式系统开发工程师"等5个类别。

### 2. 行业认证

行业认证是由企业或协会主办的与计算机相关的认证，用于考查应试人员对企业或协会涉足领域的理解与技术水平。例如，微软认证包括系统管理方法、数据库方向和开发方向的证书；Oracle 认证主要是数据库管理；Adobe 认证包括 Adobe 产品技术认证、Adobe 动漫技能认证、Adobe 平面视觉设计师认证等；华为认证包括华为认证网络工程师、华为认证网络资深工程师、华为认证互联网专家。

## 小结

本章简要地介绍了计算机信息安全的基本概念、威胁计算机安全的诸多因素，如病毒、黑客及计算机犯罪、常用的保密技术和防御技术，以及计算机职业道德相关问题。通过本章学习，学生可具有良好的人文社会科学素养、社会责任感，能够理解计算机领域相关的工程职业道德和规范，并能在工程实践中履行责任。

## 习题七

### 一、选择题

1. 宏病毒是随着 Office 软件的广泛使用，有人利用高级语言编制的一种寄生于_____的宏中的计算机病毒。

    A. 应用程序                   B. 文档或模板

    C. 文件夹                      D. 具有"隐藏"属性的文件

2. 计算机病毒是_____。

    A. 一类具有破坏性的程序          B. 一类具有破坏性的文件

    C. 一种专门侵蚀硬盘的霉菌        D. 一种用户误操作的后果

3. 我国将计算机软件的知识产权列入_____权保护范畴。

    A. 专利       B. 技术             C. 合同            D. 著作

4.　以下说法中，正确的是_____。

　　A．造成计算机不能正常工作的原因，若不是硬件故障就是计算机病毒

　　B．发现计算机有病毒时，只要换一张新磁盘就可以放心操作了

　　C．计算机病毒是由于硬件配置不完善造成的

　　D．计算机病毒是人为编写的程序

5.　计算机病毒是指_____。

　　A．编制有错误的计算机程序　　　　B．设计不完善的计算机程序

　　C．已被破坏的计算机程序　　　　　D．以危害系统为目的的特殊计算机程序

6.　下面列出的计算机病毒传播途径，不正确的是_____。

　　A．使用来路不明的软件　　　　　　B．通过借用他人的 U 盘

　　C．机器使用时间过长　　　　　　　D．通过网络传输

7.　计算机病毒的特点是具有传染性、隐蔽性、潜伏性、不可预见性和_____。

　　A．恶作剧性　　　　　　　　　　　B．入侵性

　　C．破坏性　　　　　　　　　　　　D．可扩散性

8.　下列有关计算机病毒的说法中，_____是不正确的。

　　A．游戏软件常常是计算机病毒的载体

　　B．用杀毒软件将磁盘杀毒之后，该磁盘就没有病毒了

　　C．尽可能做到专机专用或者安装正版软件，是预防计算机病毒的有效措施

　　D．计算机病毒在某些条件下被激活后，才开始起干扰和破坏作用

9.　计算机病毒在一定环境和条件下激活发作，这里的激活发作是指_____。

　　A．程序复制　　　B．程序移动　　　C．病毒繁殖　　　D．程序运行

10.　计算机病毒的危害性主要表现在_____。

　　A．能造成计算机部件永久性失效

　　B．影响程序执行、破坏用户数据域程序

　　C．不影响计算机的运行速度

　　D．不影响计算机的运输结果，不必采取措施

11.　计算机病毒按链接方式分类通常分为操作系统型、源码型、嵌入型和_____。

　　A．外壳型　　　B．文件型　　　C．复合型　　　D．引导型

12.　发现微型计算机染有病毒后，较为彻底的清除方法是_____。

　　A．用杀毒软件处理　　　　　　　　B．用查毒软件处理

　　C．删除磁盘文件　　　　　　　　　D．重新格式化磁盘

二、判断题

1.　若一台计算机感染了病毒，只要删除所有带病毒文件，就能消除所有病毒。（　　）

2.　对磁盘进行全面格式化也不一定能消除磁盘上的计算机病毒。（　　）

3.　计算机只要安装了防毒、杀毒软件，上网浏览就不会感染病毒。（　　）

4.　宏病毒可感染 Word 或 Excel 文件。（　　）

5. 计算机病毒是一种特殊的能够自我复制的计算机程序。 （　　）

6. 安装防火墙是对付黑客和黑客程序的有效办法。 （　　）

7. 计算机病毒按破坏程度可分为良性病毒和恶性病毒。 （　　）

8. 对大多数的 IT 职位来说，本科学历是最基本的要求。 （　　）

9. 大多数"黑客"开始是出于好奇，违背了职业道德，入侵他人计算机系统，一步一步走向计算机犯罪的道路。 （　　）

10. 在 IT 产业中，不同地区、不同职位的薪资水平大体相同。 （　　）

11. 与计算机相关的本科专业只有计算机科学与技术和软件工程两个。 （　　）

12. 与证书相比，应聘者的实际能力更重要。 （　　）

13. 计算机二级考核计算机基础知识和使用办公室软件及因特网的基本技能。 （　　）

14. 在非工作时段，可以将工作计算机用于任意的个人行为。 （　　）

15. 不要因为举报而违反道德或法律。 （　　）

三、简答题

1. 威胁计算机网络安全的主要因素有哪些？

2. 什么是信息安全？

3. 计算机病毒的定义及特点？

4. 计算机病毒按传染方式分类有几种？

5. 什么是蠕虫病毒？蠕虫病毒具有哪些特质？

6. 什么是特洛伊木马？常见木马程序有哪些？

7. 什么是计算机黑客？黑客常用的攻击方式有哪些？

8. 什么是防火墙？有哪些特征？

9. 什么是入侵检测系统？

10. 什么是数字签名技术？什么是身份认证技术？

11. 简述计算机领域的认证主要有哪两种。

12. 在 IT 领域中，常见的道德规范有哪些？

13. 简述 IT 行业道德教育的重要性。

# 习题参考答案

## 习题一

### 一、选择题

| | | | | |
|---|---|---|---|---|
| 1. D | 2. B | 3. C | 4. A | 5. B |
| 6. C | 7. D | 8. A | 9. B | 10. C |

### 二、判断题

| | | | | |
|---|---|---|---|---|
| 1. √ | 2. × | 3. √ | 4. × | 5. √ |
| 6. × | 7. √ | 8. √ | 9. √ | 10. × |

### 三、填空题

1. 存储程序与程序自动执行

2. 按需索取； 按需提供； 按需使用

3. 计算资源； 服务； 互联网； 聚集； 租赁； 使用监控

4. 脑结构

5. 结构、算法与芯片

6. 医疗云； 金融

### 四、简答题

1. ① 把需要的程序和数据送至计算机中。

② 必须具有长期记忆程序、数据、中间结果及最终运算结果的功能。

③ 具有完成各种算术、逻辑运算和数据传送等数据加工处理的功能。

④ 能够根据需要控制程序走向，并能根据指令控制机器的各部件协调操作。

⑤ 能够按照要求将处理结果输出给用户。

2. ① 处理的"信息"是"知识"，而不是"数据"。

② "信息"的传送是知识的传送，而不是字符串的传送。

③ "信息"的处理是对问题的求解和推理，而不是按既定进程进行计算。

④ "信息"的管理是知识的获取和利用，而不是数据收集、积累和检索。

3. 医疗大数据的应用、金融大数据的理财应用、零售行业大数据的应用、农牧大数据量化生产、教育大数据因材施教、环境大数据对抗 PM2.5、食品大数据的食品安全应用、大数据在疫情中的应用。

# 习题二

## 一、选择题

| | | | | |
|---|---|---|---|---|
| 1. C | 2. C | 3. A | 4. D | 5. B |
| 6. D | 7. B | 8. A | 9. D | 10. D |
| 11. B | 12. A | 13. B | 14. A | 15. C |

## 二、判断题

| | | | | |
|---|---|---|---|---|
| 1. × | 2. × | 3. √ | 4. × | 5. √ |
| 6. × | 7. √ | 8. × | 9. × | 10. √ |
| 11. √ | 12. × | 13. √ | 14. √ | 15. × |

## 三、填空题

| | | | |
|---|---|---|---|
| 1. 1001110.101 | 2. 29.625 | 3. 1572.64 | 4. 37A.D |
| 5. 振幅 | 6. 音调高低 | | |

## 四、简答题

1. 声音在计算机内表示时需要把声波数字化，又称量化。量化的过程实际上就是以一定的频率（固定的时间间隔）对来自麦克风等设备的连续的模拟声音信号进行模数转换（ADC）得到音频数据的过程；量化的质量与采样频率（Sampling Rate）、采样大小（Sampling Size）及声道数有关。采样频率即单位时间内的采样次数，采样频率越大，采样点之间的间隔越小，数字化得到的声音就越逼真，但相应的数据量增大，处理起来就越困难；采样大小即记录每次样本值大小的数值的位数，它决定采样的动态变化范围，位数越多，所能记录声音的变化程度就越细腻，所得的数据量也越大。常见的CD，采样率为44.1kHz。

2. 在计算机中，图像和图形是两个完全不同的概念。图像是由扫描仪、数字照相机、摄像机等输入设备捕捉的实际场景或以数字化形式存储的任意画面，即图像是由真实的场景或现实存在的图片输入计算机产生的，图像以位图形式存储。而图形一般是指通过计算机绘制工具绘制的由直线、圆、圆弧、任意曲线等组成的画面，即图形是由计算机产生的，且以矢量形式存储。

# 习题三

## 一、选择题

| | | | | |
|---|---|---|---|---|
| 1. A | 2. C | 3. B | 4. D | 5. B |
| 6. A | 7. B | 8. C | 9. A | 10. B |

## 二、填空题

1. 计算思维
2. 算法设计
3. 算法
4. 确切性

5. 流程图

6. 循环结构

7. 18、29、45、56、5、17、69、77

8. 5、18、45、77、56、29、17、69

9. 素数

10. 程序设计语言

## 三、简答题

1. 计算机思维就是一种问题解决的方式，这种思维将问题分解，并且利用所掌握的计算知识找出解决问题的办法。

2. 计算思维是概念化的抽象思维，而非程序思维；计算思维是人的思维，而非机器的思维；计算思维与数学和工程思维互补和融合；计算思维是思想，而非人造品；计算思维面向所有的人、所有的领域；计算思维是一种基本技能。

3. 算法是指解题方案的准确而完整的描述，是一系列解决问题的清晰指令，算法代表着用系统的方法描述解决问题的策略机制。也就是说，能够对一定规范的输入，在有限时间内获得所要求的输出。

4. 有穷性、确切性、输入项、输出项、可行性

5.

6.

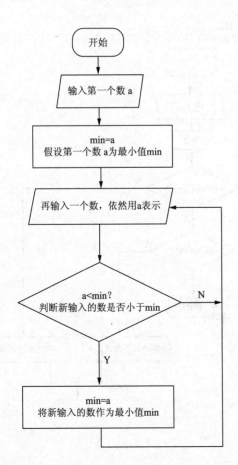

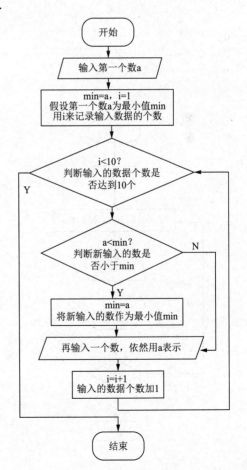

7.

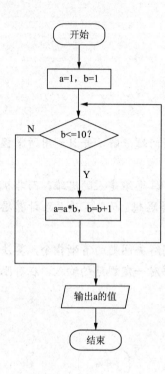

8.

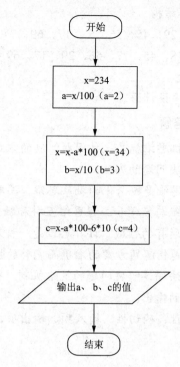

9.

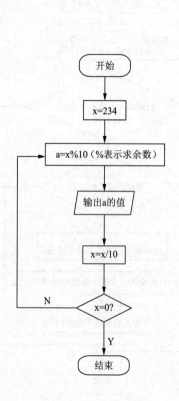

10.

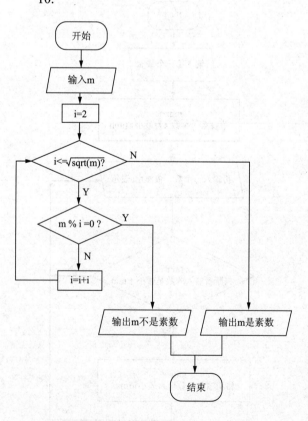

## 习题四

### 一、选择题

1. B          2. A          3. D          4. B          5. D

6. D          7. D          8. B          9. A          10. A

11. B         12. A

### 二、填空题

1. 硬件系统；软件系统

2. 主机；外围设备

3. CPU；存储器

4. 运算器；控制器

5. 只读存储器（ROM）；随机存储器（RAM）

6. 程序；数据

7. 系统软件；应用软件

8. 程序

9. 存储容量

10. 存取周期

11. 写；读

12. 磁记录

### 三、简答题

1. 计算机的主要技术指标有 CPU 类型、字长、时钟频率、运算速度、存取速度和内、外存储器容量。

2. 根据总线所连接的对象所在位置不同，将总线分为片内总线、系统总线和通信总线三类。片内总线在计算机各芯片内部传送信息；系统总线在计算机系统内部的各个组成部分之间传送信息；通信总线在计算机和其他的外围设备之间传送信息。

3. 磁表面存储器的读写过程如下：

① 写操作：当写线圈中通过一定方向的脉冲电流时，铁芯内就产生一定方向的磁通。写入信息时，在磁头的写线圈中通过一定方向的脉冲电流，磁头铁芯内产生一定方向的磁通，在磁头缝隙处产生很强的磁场形成一个闭合回路，磁头下的一个很小区域被磁化形成一个磁化元（即记录单元）。若在磁头的写线圈中通过相反方向的脉冲电流，该磁化元则向相反方向磁化，写入的就是 "0" 信息。待写入脉冲消失后，该磁化元将保持原来的磁化状态不变，达到写入并存储信息的目的。

② 读操作：当磁头经过载磁体的磁化元时，由于磁头铁芯是良好的导磁材料，磁化元的磁力线很容易通过磁头而形成闭合磁通回路。不同极性的磁化元在铁芯里的方向是不同的。读出信息时，磁头和磁层做相对运动，当某一磁化元运动到磁头下方时，磁头中的磁通发生大的变化，于是在读出线圈中产生感应电动势 $e$，其极性与磁通变化的极性相反，即当磁通 $\Phi$ 由小变大时，

感应电动势 $e$ 为负极性；当磁通 $\Phi$ 由大变小时，感应电动势 $e$ 为正极性。不同方向的感应电动势经放大、检波和整形后便可鉴别读出的信息是"0"还是"1"，从而完成读出功能。

4. 一次性记录的 CD-R 光盘在进行烧录时，激光就会对在基板上涂的有机染料进行烧录，直接烧录成一个接一个的"坑"，这样有"坑"和没有"坑"的状态就形成了"0"和"1"的信号。这一个接一个的"坑"是不能恢复的，也就是当烧成"坑"之后，将永久性地保持现状，这就意味着此光盘不能重复擦写。这一连串的"0""1"信息，就组成了二进制代码，从而表示特定的数据。

光盘上的信息是通过光盘上的细小"坑"点来进行存储的，并由这些不同时间长度的"坑"点与"坑"点之间的平面组成了一个由里向外的螺旋轨迹，当激光光束扫描这些"坑"点和"坑"点之间的平面组成的轨迹时，由于烧录前后的反射率不同，经由激光读取不同长度的信号时，通过反射率的变化形成 0 与 1 信号，借以读取信息。

5. 安装软件是指将程序文件和文件夹添加到硬盘并将相关数据添加到注册表，以使软件能够正常运行的过程。卸载指从硬盘删除程序文件和文件夹以及从注册表删除相关数据的操作，释放原来占用的磁盘空间并使其软件不再存在于系统中。

## 习题五

### 一、选择题

1. A  2. D  3. C  4. A  5. C
6. A  7. B  8. B  9. D  10. C
11. A  12. D

### 二、判断题

1. ×  2. ×  3. ×  4. ×  5. ×
6. ✓  7. ✓  8. ×  9. ✓  10. ×
11. ×  12. ✓  13. ×  14. ✓

### 三、简答题

1. 顺序表的优点：可以随机访问，查找方便，没有空间浪费，适用于元素数目一定或者较少的情况。缺点：分配的空间是固定的，元素个数不能超过预定的长度。

2. 链表的优点：可以动态分配空间，元素个数无限制，适用于元素数目变化较大或者数目不确定的情况。缺点：有结构性开销（有空间浪费），查找不方便。

3. 栈是一种只能在一端进行插入和删除操作的特殊线性表。它按照后进先出的原则存储数据，先进入的数据被压入栈底，最后的数据在栈顶，数据从栈顶开始弹出数据。

队列是一种特殊的线性表，它只允许在表的前端（front）进行删除操作，而在表的后端（rear）进行插入操作。进行插入操作的端称为队尾，进行删除操作的端称为队头。队列中没有元素时，称为空队列。

4. 树和二叉树的联系：树都可用二叉链表作为存储结构，区别有两点：①二叉树的一个节点至多有两个子树，树则不然；②二叉树的一个节点的子树有左右之分，而树的子树没有次序。

5. 满二叉树的定义：一棵深度为 $k$，且有 $2^k - 1$ 个节点的二叉树称为满二叉树。特点：每一层上的节点数都是最大节点数。

6. 完全二叉树的定义：深度为 $k$，有 $n$ 个节点的二叉树当且仅当其每一个节点都与深度为 $k$ 的满二叉树中编号从 1 至 $n$ 的节点一一对应时，称为完全二叉树。特点：叶子节点只可能在层次最大的两层上出现；对任一节点，若其右分支下子孙的最大层次为 1，则其左分支下子孙的最大层次必为 1 或 2。

7. 在图中，若用箭头标明了边是有方向性的，则称这样的图为有向图，否则称为无向图。

## 习题六

### 一、选择题
1. D    2. A    3. A    4. C    5. D
6. D    7. C    8. C    9. C

### 二、填空题
1. 通信线路
2. 传输控制协议 ； 网际协议
3. 32
4. 协议
5. WAN ； LAN

### 三. 简答题
1. 按照覆盖的地理范围进行分类，计算机网络可以分为局域网、城域网和广域网三类。
2. 1G 语音时代、2G 文本时代、3G 图片时代、4G 视频时代、5G 物联网时代
3. 物联网的关键技术主要有通信技术、传感技术、射频识别技术。

## 习题七

### 一、选择题
1. B    2. A    3. D    4. D    5. D
6. C    7. C    8. B    9. D    10. B
11. A    12. D

### 二、判断题
1. ×    2. ×    3. ×    4. √    5. √
6. √    7. √    8. √    9. ×    10. ×
11. ×    12. √    13. ×    14. ×    15. √

### 三、解答题
1. 威胁网络安全的主要因素有以下 6 种：①网络防攻击问题；②网络安全漏洞问题；③网络信息保密问题；④网络内部安全防范问题；⑤网络防病毒问题；⑥网络数据的备份与恢复。

2. 信息安全是指信息网络的硬件、软件及其数据不受破坏、更改、泄露，系统连续可靠正常地运行，信息服务不中断。根据国际标准化组织的定义，信息安全的含义主要是指信息的完整性、可用性、保密性和可靠性。

3. 计算机病毒是一种"计算机程序"，通常隐藏在计算机系统中，具有一定的破坏性，并能够传播、感染到其他系统，执行恶意的操作。计算机病毒具有破坏性、传染性、隐蔽性、潜伏性和不可预见性等主要特点。

4. 计算机病毒根据传染方式分类，有以下 3 种：①磁盘引导区传染的计算机病毒；②操作系统传染的计算机病毒；③可执行程序传染的计算机病毒。

5. 蠕虫是一种无须计算机使用者干预即可运行的具有攻击性的程序或代码，它会扫描和攻击网络上存在系统漏洞的主机，通过局域网或互联网从一个节点传播到另一个节点，进而造成网络拥塞、产生安全隐患或使系统崩溃。蠕虫综合了网络攻击、密码学和计算机病毒等技术，具有行踪隐蔽、反复性和破坏性等特征。

6. 特洛伊木马（简称木马）是一种秘密潜伏，并能够通过网络进行远程控制的恶意程序。特洛伊木马采用隐藏机制执行非授权功能，是黑客窃取信息的主要工具。常见的木马程序有：网页木马、远程访问木马和利用应用软件漏洞制作的木马。

7. 黑客是指那些精通网络、系统、外设以及软硬件技术的人。有些黑客不顾法律和道德的约束，有的出于刺激，有的被非法组织所收买，有的出于强烈的报复心理，肆意攻击和破坏一些组织或者部门的网络系统，危害很严重。黑客的主要攻击手段：①饱和攻击；②攻击网站；③陷门攻击；④特洛伊木马。

8. 防火墙可以定义为：位于可信网络与不可信网络之间，并对二者之间流动的数据包进行检查的系统。防火墙具有以下 3 个基本特性：①内部网络与外部网络的所有通信数据流都必须经过防火墙；②只有符合安全策略的数据流才能通过防火墙；③防火墙具有很强的抗攻击能力。

9. 入侵检测系统是一种对网络传输进行即时监视、在发现可疑传输时发出警报或采取主动反应措施的网络安全设备。

10. 数字签名就是把哈希函数和公钥加密算法结合起来，提供一种方法保证数据的完整性和真实性。完整性检查保证数据没有被篡改，真实性检查保证数据是由产生这个哈希值的人发出的，把这两个机制结合起来。身份认证又称身份鉴别，是指被认证方在没有泄露自己身份信息的前提下，能够以电子的方式来证明自己的身份。

11. 在我国，计算机领域的认证主要有计算机等级考试和行业认证两种。全国计算机等级考试是由教育部主办，面向社会，用于考查应试人员计算机应用知识与能力的全国性计算机水平考试体系。行业认证是由企业或协会主办的与计算机相关的认证，用于考查应试人员对企业或协会涉足领域的理解与技术水平。

12. 在 IT 领域中，常见的道德规范有软件版权、隐私、保密、黑客、工作计算机的使用、软件质量等。

13. IT 行业道德教育不仅有利于计算机信息系统的安全，而且有利于整个社会对个体利用的保护。计算机职业道德规范中一个重要的方面是网络道德。

# 计算机技术与软件专业技术资格（水平）考试简介

计算机软件资格考试是原中国计算机软件专业技术资格和水平考试（简称软件考试）的完善与发展。计算机软件资格考试是由国家人力资源和社会保障部、工业和信息化部领导下的国家级考试，其目的是科学、公正地对全国计算机与软件专业技术人员进行职业资格、专业技术资格认定和专业技术水平测试。工业和信息化部教育与考试中心负责全国考务管理工作，除台湾地区外，计算机软件资格考试在全国各省、自治区、直辖市及计划单列市和新疆生产建设兵团，以及香港特别行政区和澳门特别行政区，都建立了考试管理机构，负责本区域考试的组织实施工作。计算机软件资格考试设置了 27 个专业资格，涵盖 5 个专业领域，3 个级别层次（初级、中级、高级）。计算机软件资格考试在全国范围内已经实施了二十多年，近十年来，考试规模持续增长，截至目前，累计报考人数约有五百万人。该考试由于其权威性和严肃性，得到了社会各界及用人单位的广泛认同，并为推动国家信息产业发展，特别是在软件和服务产业的发展，以及提高各类信息技术人才的素质和能力中发挥了重要作用。

根据原人事部、原信息产业部文件（国人部发 [2003]39 号）文件规定，计算机软件资格考试纳入全国专业技术人员职业资格证书制度的统一规划，实行统一大纲、统一试题、统一标准、统一证书的考试办法，每年举行两次。通过考试获得证书的人员，表明其已具备从事相应专业岗位工作的水平和能力，用人单位可根据工作需要从获得证书的人员中择优聘任相应专业技术职务（技术员、助理工程师、工程师、高级工程师）。计算机软件资格考试全国统一实施后，不再进行计算机技术与软件相应专业和级别的专业技术职务任职资格评审工作。因此，计算机软件资格考试既是职业资格考试，又是职称资格考试。同时，该考试还具有水平考试性质，报考任何级别不需要学历、资历条件，只要达到相应的专业技术水平就可以报考相应的级别。计算机软件资格考试部分专业岗位的考试标准与日本、韩国相关考试标准实现了互认，中国信息技术人员在这些国家还可以享受相应的待遇。考试合格者将颁发由中华人民共和国人力资源和社会保障部、工业和信息化部用印的计算机技术与软件专业技术资格（水平）证书。该证书在全国范围内有效。

# 计算机技术与软件专业技术资格（水平）考试专业类别、资格名称和级别层次对应表

| 计算机技术与软件专业技术资格（水平）考试<br>专业类别、资格名称和级别层次对应表 | | | | | |
|---|---|---|---|---|---|
| | 计算机软件 | 计算机网络 | 计算机应用技术 | 信息系统 | 信息服务 |
| 高级资格 | 信息系统项目管理师　系统分析师　系统架构设计师　网络规划设计师　系统规划与管理师 | | | | |
| 中级资格 | 软件评测师<br>软件设计师<br>软件过程能力评估师 | 网络工程师 | 多媒体应用设计师<br>嵌入式系统设计师<br>计算机辅助设计师<br>电子商务设计师 | 系统集成项目管理工程师<br>信息系统监理师<br>信息安全工程师<br>数据库系统工程师<br>信息系统管理工程师 | 计算机硬件工程师<br>信息技术支持工程师 |
| 初级资格 | 程序员 | 网络管理员 | 多媒体应用制作技术员<br>电子商务技术员 | 信息系统运行管理员 | 网页制作员<br>信息处理技术员 |

# 嵌入式系统设计师考试说明

1. 考试要求：

① 掌握计算机科学基础知识。

② 掌握嵌入式系统的硬件、软件知识。

③ 掌握嵌入式系统分析的方法。

④ 掌握嵌入式系统设计与开发的方法及步骤。

⑤ 掌握嵌入式系统实施的方法。

⑥ 掌握嵌入式系统运行维护知识。

⑦ 了解信息化基础知识、计算机应用的基础知识。

⑧ 了解信息技术标准、安全性，以及有关法律法规的基本知识。

⑨ 了解嵌入式技术发展趋势。

⑩ 正确阅读和理解计算机及嵌入式系统领域的英文资料。

2. 通过本考试的合格人员能根据项目管理和工程技术的实际要求，按照系统总体设计规格说明书进行软、硬件设计，编写系统开发的规格说明书等相应的文档；组织和指导嵌入式系统开发实施人员编写和调试程序，并对嵌入式系统硬件设备和程序进行优化和集成测试，开发出符合系统总体设计要求的高质量嵌入式系统；具有工程师的实际工作能力和业务水平。

3. 本考试设置的科目包括：

① 嵌入式系统基础知识，考试时间为 150 分钟，笔试，选择题。

② 嵌入式系统设计应用技术，考试时间为 150 分钟，笔试，问答题。

# 参考文献

[1] 刘鹏 . 大数据 [M]. 北京：电子工业出版社 ,2017.

[2] 王玉龙 , 方英兰 , 王虹芸 . 计算机导论 : 基于计算思维视角 [M]. 4 版 . 北京：电子工业出版
社 , 2018.

[3] 刘鹏 . 云计算 [M].3 版 . 北京：电子工业出版社 ,2016.

[4] 战德臣 , 聂兰顺 . 大学计算机 : 计算机思维导论 [M]. 北京：电子工业出版社 ,2018.

[5] 蔡自兴 , 刘丽珏 , 蔡竞峰 , 等 . 人工智能及其应用 [M].6 版 . 北京：清华大学出版社，2020.

[6] 吕云翔 , 李沛伦 . 计算机导论 [M]. 北京：清华大学出版社，2019.

[7] 郭艳华 , 马海燕 . 计算机与计算思维导论 [M]. 北京：电子工业出版社，2018.

[8] 王红梅 , 胡明 , 王涛 . 数据结构 (C++ 版 )[M].2 版 . 北京：清华大学出版社，2013.

[9] 王涛 . 数据结构 (C++ 版 ) 学习辅导与实验指导 [M].2 版 . 北京：清华大学出版社，2013.

[10] 帕森斯 , 奥贾 . 计算机文化 [M]. 吕云翔 , 傅尔也 , 译 . 北京：机械工业出版社，2014.

[11] 李浪 , 谢新华 , 刘先锋 . 计算机网络 [M].2 版 . 武汉：华中科技大学出版社，2017.

[12] 张思卿 , 王海文 , 王丽君 . 计算机网络技术 [M]. 武汉：华中科技大学出版社，2013.

[13] 胡亮 , 徐高潮 , 魏晓辉 , 等 . 计算机网络 [M].3 版 . 北京：高等教育出版社，2018.

[14] 王志良 , 王粉花 . 物联网工程概论 [M]. 北京：机械工业出版社，2011.